Kraftwerkskomponenten-simulation

Berechnung und Simulation der Gasturbine in einem Kombikraftwerk

1

Prof. Dr.-Ing. Jost Braun (Autor)
Hochschule Kempten

Kraftwerkskomponenten und Simulation
Lehrbuch, 2015

Herstellung und Verlag:
BoD - Books on Demand, Norderstedt
ISBN 978-3-7347-9174-1

Inhaltsverzeichnis

1   Systemintegration und Cycle Performance 8

Anwendung der Kraftwerkskomponentensimulationsprogramme . . 10

Vorgehen bei der physikalisch/analytischen Simulation 13

Übertragbarkeit der Vorgehensweise 15

Gasturbinen- und Kombikraftwerke 16

Warum Pascal? 19

2   Thermodynamik 23

Grundsätzliches zu Kombikraftwerken (GuD-Kraftwerke) 23

Kombikraftwerk, GuD-Kraftwerk, CCPP 29

Kreisprozesse 32

Wärmekraftprozesse 33

Energiebilanz von Kreisprozessen 33

Thermischer Wirkungsgrad 35

Adiabat/reibungsbehaftete Zustandsänderungen 36

Betrachtung zur Entropie 37

Wirkungsgrade einer adiabaten Zustandsänderung 38

Verlauf einer adiabaten Expansion 41

Turbineneintrittstemperatur 42

Arbeitsmedium 45

3	Spezielle Kreisprozesse	51
	Carnot-Prozess	51
	Offener Jouleprozess	53
	Regenerativer Jouleprozess	55
	Joule-Reheatprozess	58
	Kombiprozess, GuD-Prozess	59
4	Strömungsmechanik kompressibler Fluide	61
	Kontinuitätsgleichung	63
	Energiegleichung	64
	Impulssatz	65
	Fluiddynamische Ähnlichkeit	66
	Dimensionslose Gleichungen	71
	Lavaldüse und Zustandsgrößen im engsten Querschnitt	72
5	Pascalprogrammierung	75
	Hintergrund zu Pascal	75
	Lesbarkeit der Pascal-Quelle	77
	Wie sieht ein Pascalprogramm aus?	78
6	Dokumentation	103
	Mindestanforderungen anhand des Beispiels ad_turbine	103
	Formblatt zur Dokumentation der Programme, Funktionen, Unterprogramme	109
7	Aufbau des Gesamtmodells	113
	Der Start und die Planungsphase	113
	Übergeordnete Konstantendeklarationen	115
	Übergeordnete Typendeklarationen	116
	Übergeordnete Variablendeklarationen (Globale Variablen)	118
	Struktur des Hauptprogramms	119
	Nützliche Schreibe- und Leseprozeduren	124

8   Komponentenmodelle 128

Vereinfachte Darstellung des Stoffwertmodells 128

Ein einfaches Stoffwertmodell 129

Adiabate Mischung zweier Ströme 131

Adiabate Teilung eines Stroms in zwei Ströme (flowsplit) 134

Druckverlustelement bei inkompressibler Strömung 135

Diffusor und Abgassystem (exhaust system) 136

Filter und Ansaugsystem 138

Sekundärluftsystem SAS und allgemeine Drosselstelle 141

Kompressor 149

Kompressorcharakteristik und Verluste 159

Approximation einer realistischen Charakteristik 165

Brennkammer 174

Turbine 185

Literaturverzeichnis   **201**

Vorwort

Dieses Werk ist ein Kompendium, das die Grundlagen der Simulationstechnik von komplexen Kraftwerkskomponenten darstellt, für die es in käuflichen Simulationssystemen keine adäquate Modellierung gibt. Speziell für den Masterstudiengang Energietechnik der Hochschule Kempten ist es gleichzeitig das vorlesungsbegleitende Skript zur Lehrveranstaltung „Kraftwerkskomponentensimulation".

In Kombi- oder GuD-Kraftwerken ist die Kernkomponente (d.h. die Gasturbine) meist nur in Form von sehr einfachen Betriebscharakteristiken bekannt, z.B. einem thermodynamischen Modell, das den klassischen Jouleprozess berechnet oder in Form von sog. Korrekturkurven. Für Detailuntersuchungen, insbesondere zur Optimierung des Betriebs eines Kraftwerks aufgrund wechselnder wirtschaftlicher Rahmenbedingungen reichen solche Modelle aber nicht aus, weil hier das interne Zusammenspiel der Komponenten der Gasturbine entscheidend ist. Die dargestellte Methodik ist daher auf die detaillierte Modellierung einer solchen Kraftwerksturbine ausgerichtet. Prinzipiell kann man aber natürlich auch ein Flugtriebwerk modellieren, wenn die Besonderheiten des Flugbetriebs berücksichtigt werden.

Grundlagen der Thermodynamik und der Strömungsmechanik aus einem technisch orientierten Bachelorstudium (Maschinenbau, Energie- und Umwelttechnik oder vergleichbare Ausrichtung) sowie der üblichen Lehrinhalte der Ingenieurmathematik und Ingenieurinformatik werden vorausgesetzt. Es wird besonders auf alle Berechnungsverfahren Wert gelegt, die sehr gute Ergebnisse liefern, ohne auf numerische Simulationen zurückgreifen zu müssen. Es soll damit einerseits Studierenden die selbständige Erarbeitung des Stoffes erleichtern und die Nacharbeitung des Vorlesungsstoffs zur Prüfungsvorbereitung ermöglichen, andererseits kann es auch Ingenieuren aller Fachrichtungen und Anwendern im Beruf, die sich über Simulationstechniken ohne teure käufliche Systeme informieren wollen, sehr hilfreich sein, denn die Methodik ist nicht alleine auf die hier behandelten Gasturbinen beschränkt.

Meiner Frau Kirsten danke ich sehr für das Korrekturlesen des Manuskriptes. Trotz großer Sorgfalt, möglichst alle Fehler zu entdecken und zu eliminieren, wäre es vermessen anzunehmen, dass sich kein Fehler mehr versteckt hat. Die Teilnehmer meiner Vorlesungen bitte ich um diesbezügliche Rückmeldung, wenn sie Fehler entdecken. Ansonsten wäre die Empfehlung, im Zweifelsfall in der Literatur nachzuschlagen. Hierzu bitte ich darum, das Literaturverzeichnis zu beachten.

Kempten, im Mai 2015

Prof. Dr. Jost Braun

Einleitung

Für vergleichsweise einfache Komponenten thermischer und nichtthermischer Kraftwerke existieren in den einschlägigen Programmen (z.B. EBSILON, Aspen Plus, etc.) vorgefertigte Elemente, die in den zugehörigen Modelldatenbanken zur Verfügung gestellt werden und direkt verwendet werden können. Für sehr komplexe Systeme erweisen sich die simplen Modelle allerdings als ungeeignet, da sie die tatsächliche Physik, Thermodynamik und Strömungsmechanik nur unzureichend abbilden. In Folge können unakzeptabel hohe Abweichungen der Rechenergebnisse von den Messungen an den realen Maschinen im Bereich mehrerer Prozente auftreten.

Für sogenannte Kernkomponenten eines Kraftwerks finden daher in der Regel andere Methoden Anwendung. Sie verlangen flexible Systeme, die es erlauben, in das bestehende Programm eigene Bauteile, Baugruppen oder Teilsysteme hinzuzufügen, die dann so detailliert wie nötig abgebildet werden. Konfigurationen, die auf den ersten Blick scheinbar einfach sind erweisen sich als komplex und erfordern dementsprechend eine tiefergehende Modellierung. In Kraftwerksgasturbinen („Heavy Duty") tritt eine solche Situation beispielsweise beim Kühlluftversorgungssystem der thermisch hochbelasteten Bauteile auf, dem sogenannten secondary air system (SAS). Obwohl es sich bei jedem einzelnen Kühlluftversorgungszweig, von denen mehrere in einer Maschinen existieren, „nur" um eine Drosselstelle handelt, ist diese so genau wie möglich zu modellieren, denn die Gesamtfunktion und die tatsächlich auftretenden Spitzentemperaturen in der Maschine hängen insbesondere von der nicht linearen Interaktion aller Systemteile ab.

Dieses begleitende Buch zur Vorlesung Kraftwerkskomponentensimulation im Masterstudiengang Energietechnik der Hochschule Kempten soll diese Lücke schließen, indem die Verfahren zur physikalisch-technisch korrekten Modellierung und ihre Integration zu einem Gesamtmodell gezeigt werden. Die Verfahren und Methoden sind dabei auch auf thermodynamische und strömungsmechanische Systeme anwendbar, die nicht direkt dem Kraftwerksbereich zuzuordnen sind, beispielsweise Flugtriebwerke (Fan- und Turboproptriebwerke), Motoren, Schiffsantriebe, Kraft-Wärmekopplungssysteme und BHKW. Die am komplexen Beispiel einer Gasturbine aufgezeigten Methoden und Modelle sind grundsätzlich auch für andere technische Bereiche nutzbar. Aufgrund der Tatsache, dass in diesem Buch und in den Übungen zur Vorlesung ausschließlich frei verfügbare, also kostenlos nutzbare Programmiersysteme verwendet werden, können auch KMU diese Technik einsetzen. Die verwendeten Programme sind dabei von sehr hoher Qualität, die durchaus mit käuflichen Programmen vergleichbar ist.

1 Systemintegration und Cycle Performance

Gasturbinen haben heute zwei Anwendungsbereiche. Im Flugzeugbau sind Gasturbinen als Flugantriebe für Passagier- und Transportflugzeuge nicht mehr wegzudenken. Dies liegt vor Allem an zwei Eigenschaften: An der sehr hohen Leistungsdichte, d.h. geringes Gewicht bei hoher Absolutleistung, was erst moderne Großraumflugzeuge ermöglicht hat, und am sehr hohen erreichbaren Wirkungsgrad, was für Airlines nicht nur geringere Brennstoffkosten bedeutet, sondern insbesondere die Nutzlastkapazität eines Flugzeugs deutlich erhöht: Jede Tonne Treibstoff, die nicht mitgenommen werden muss, kann durch Ladung ersetzt werden, was die Kosten natürlich absenkt.

Die ersten Gasturbinen wurden aber nicht als Flugantriebe entwickelt, sondern für Kraftwerke. Dies ist zwar mittlerweile etwa 100 Jahre her, immerhin wurden zu diesem Zeitpunkt aber bereits Wirkungsgrade um die 25 bis 30% erzielt. Etwa Mitte des vergangenen Jahrhunderts wurde dann durch komplexe thermodynamische Verschaltung der Wirkungsgrad auf über 40% gesteigert, was allerdings auch mit deutlich höheren Investitionskosten der gesamten Anlage verbunden war. Dies und die Tatsache, dass in Gasturbinen nur hochwertige Brennstoffe verwendet werden, führte dazu, dass sie bis Anfang der 1980er Jahre im Kraftwerksbereich fast völlig von Kohlekraftwerken verdrängt wurden. Erst die stetigen Prozessverbesserungen im Flugtriebwerksbereich, insbesondere höhere Drücke und gleichzeitig höhere Turbineneintrittstemperaturen, die aufgrund einer ausgefeilten Schaufelkühlungstechnologie möglich wurden, haben Gasturbinen auch wieder für den Kraftwerksbereich interessant gemacht. Seit den 1980er Jahren wurden Gasturbinen als „Heavy Duty" Maschinen speziell für Kombikraftwerke entwickelt, was mittlerweile zu einem für andere Kraftwerkstypen unerreichbaren Netto-Wirkungsgrad von über 60% geführt hat.

Eine Gasturbine ist ein hochkomplexes System von Bauteilen und Komponenten, die für den jeweiligen Zweck optimiert zusammen funktionieren müssen. Ein Flugtriebwerk wird anders optimiert als eine Kraftwerksgasturbine, weil im Kombibetrieb auch die Abgasdaten (Temperatur und Menge) bestimmten Anforderungen genügen müssen. Beim Flugtriebwerk gibt es hier keine Beschränkung. Verdichter, Brennkammer, Turbine und Kühlsystem sind daher für den Anwendungszweck auszulegen und müssen in jedem Betriebspunkt die Funktionalität sicherstellen. Insbesondere das Kühlluftsystem ist hier besonderen und im Grunde gegensätzlichen Anforderungen unterworfen. Die Optimierung der Komponenten ist außerdem nicht einzeln möglich, weil sich jede Veränderung einer Komponente immer nichtlinear auf alle anderen Komponenten auswirkt. Das bedeutet im Wesentlichen, dass das Optimum einer einzelnen Komponente nicht identisch ist mit dem Optimum der Gesamtmaschine.

Die Nichtlinearität der funktionellen Abhängigkeiten aller Bauteile untereinander verlangt bei derart komplexen technischen Systemen nach einer übergeordneten Tätigkeit, die mit „Systemintegration" (systems integration) bezeichnet wird. Die hoch spezialisierten Konstrukteure (designer) aus den Komponentenbereichen, z.B. bei Gasturbinen die Verdichtergruppe, die Brennkammergruppe, die SAS-Gruppe und die Turbinengruppe, sind in der Regel nicht gleichzeitig auch Spezialisten für die komplexen Wechselwirkungen aller Komponenten untereinander im Betrieb. Es ist beispielsweise nicht so, dass eine Erhöhung der Verdichtereintrittsmenge um einen bestimmten Prozentsatz automatisch auch eine Erhöhung der Turbineneintrittsmenge im gleichen Prozentsatz bewirkt (das wäre ein einfacher linearer Zusammenhang), sondern wegen der nicht linearen Wechselwirkungen mit SAS und Brennkammer die Reaktion anders ausfallen wird. Dies ist nicht nur für die Vorausberechnung der Hauptdaten wichtig, sondern insbesondere auch für die Regelungstechnik und den Maschinenschutz. Die Brennkammertemperatur muss nach oben zwar limitiert werden, kann aufgrund ihrer Höhe aber nicht zuverlässig direkt gemessen werden. Daher wird der Regler mit der Turbinenaustrittstemperatur geführt und aus diesem Wert sowie dem gemessenen Druck nach dem Verdichter wird auf die Temperatur in der Brennkammer zurückgerechnet. Dass hierzu genau die angesprochenen Interaktionen aller Bauteile untereinander entscheidend sind, versteht sich von selbst. Die Vorhersage muss nämlich bei den heute üblichen sehr hohen Turbineneintrittstemperaturen (TIT = turbine inlet temperature) auch absolut sehr genau sein, in der Regel ist die geforderte Toleranz nur wenige Kelvin (2-3 K), denn eine nur um 10 K zu hohe Temperatur halbiert nach einer Faustformel die Lebensdauer aller davon betroffenen Bauteile des Heißgaspfads. Es ist nicht egal, ob die Heißgastemperatur vor der Turbine 1650 K oder 1660 K beträgt, auch wenn uns der Unterschied „relativ" klein vorkommt.

Der Gesamtmaschinenmodellierung kommt also eine sehr wichtige Bedeutung zu und die Tätigkeit wird von einer Gruppe durchgeführt, die auch das Regelungskonzept und das zweckgebundene Fahrkonzept oder Betriebskonzept der Maschinen definiert. Dazu liefert diese Gruppe auch die Randbedingungen verschiedener Betriebszustände an die Spezialisten der Komponenten für deren Auslegungstätigkeit. Diese Gruppe muss daher notwendigerweise von allen Bauteilen eine genügend tiefe Kenntnis über Funktion (Thermodynamik und Strömungsmechanik) und Auslegung (mechanisch/thermische Festigkeit) haben und verbindet alle Erkenntnisse der unterschiedlichen Disziplinen zum funktionierenden Ganzen. Dazu ist diese Gruppe dann auch für die garantiefähigen Hauptdaten (die „Performance") der Maschinen verantwortlich, das sind Wellenleistung, Wirkungsgrad und die Schnittstellendaten zum Dampfkreislauf bei einem Kombi-(GuD)-Kraftwerk, also Abgastemperatur, Abgasmassenstrom und

Abgaszusammensetzung einschließlich der Schadstoffemissionen (CO, NO_x, VOC, UHC, CO_2).

Die verantwortliche Gruppe für Systemintegration, Modellierung, Hauptdaten, Schnittstellendaten, Regelungs- und Fahrkonzept wird meist „Cycle Performance" genannt (cycle ist der englische Begriff für den thermodynamischen Prozess). Die Komponentensimulation und das für alle relevanten Betriebszustände validierte Performance-Modell sind dabei Kernpunkt aller Überlegungen.

Nicht nur Kraftwerkshersteller, sondern auch Kraftwerksbetreiber brauchen Simulationsmodelle mit einem möglichst hohen Detaillierungsgrad, nicht zuletzt auch um die Folgen der betriebsbedingten Alterung einer Maschine im langjährigen Betrieb abschätzen zu können. Diese Modelle müssen flexibel sein und die meist einzigartigen Gesamtbedingungen eines Kraftwerkes berücksichtigen können. Es gibt wohl kaum zwei wirklich identische Kraftwerke weltweit, denn alleine die Betriebs- und Umweltbedingungen sind bereits unterschiedlich. Wüstenklima und arktische Bedingungen sind nicht vergleichbar, genauso unterschiedlich sind subtropische und gemäßigte Klimabedingungen. Auch die Betreiber von Kraftwerken benötigen daher solche Modelle. Entweder man kauft sie vom Hersteller, oder man hat selbst das notwendige Know-how zur Erstellung.

Simulationsprogramme, die im laufenden Betrieb auch aktuelle Messdaten an einem System verwenden, um hieraus den aktuellen Maschinen- oder Systemzustand zu ermitteln und zu überwachen nennt man „Monitoringprogramme".

Anwendung der Kraftwerkskomponentensimulationsprogramme

Je nach Anwendung und Zielsetzung ergeben sich verschiedene Modellierungstiefen der Kraftwerkskomponenten. Das komplexeste Einzelsystem, das heute in thermischen Kraftwerken zu modellieren ist, ist die Kraftwerksgasturbine. Gleichzeitig ist das Gasturbinensystem in einem solchen Kraftwerk entscheidend für das gesamte Kraftwerk, daher ist hier eine besonders sorgfältige Modellierung notwendig. Hier sind grundsätzlich vier Varianten zu unterscheiden:

- Performance-Garantietools
- Performancetool als Einzelelement in einem übergeordneten Kraftwerksmodell
- Performancetools zur Erzeugung von Randbedingungen für die Entwicklung
- Performance-Monitoringtools

Performance-Garantietools

Garantietools müssen sichere Ergebnisse bezüglich der vertraglich garantierten Daten liefern, das sind bei Gasturbinen Wellenleistung bzw. Generatorleistung,

Wirkungsgrad (Leistung durch Brennstoffwärme), Abgasmassenstrom und Abgastemperatur (für den in der Regel nachfolgenden Dampfkraftprozess). Dabei muss das Verhalten bezüglich geänderter Umgebungsbedingungen (Luftdruck, Lufttemperatur, Luftfeuchtigkeit) ebenso wie das Teillastverhalten garantiefähige Daten liefern. Damit verbunden ist die Aufgabe, dass beim Abnahmetest durch den Kunden unter zufälligen und in der Regel nicht mit den vertraglich festgelegten Garantiebedingungen übereinstimmenden Umgebungsbedingungen eine Rückrechnung auf Garantiebedingungen mit Hilfe von Korrekturkurven erfolgen muss. Dieses Verfahren ist durch internationale Normen vorgegeben. Die Korrekturkurven werden ebenfalls mit dem Garantietool erzeugt und sind Vertragsbestandteil. Ein Rechenfehler kann da schnell mehrere Millionen Euro Vertragsstrafe bewirken.

Diese Modelle sind daher im Aufbau nicht besonders detailliert, legen aber besonderen Wert auf eine genaue Abbildung des Verhaltens der Hauptkomponenten, also Verdichter und Turbinen. Häufig werden hier Betriebscharakteristiken verwendet, die auch anhand von Messungen validiert werden.

Performancetool als Einzelelement in einem übergeordneten Kraftwerksmodell

Die Aufgabenstellung dieser Modelle ist ähnlich wie bei den Garantietools. Die genannten Hauptdaten bei variablen Umgebungsbedingungen und bei Teillast sollen schnell und genau berechnet werden, interne Daten werden in der Regel nicht benötigt, es sei denn, das Gasturbinensystem hat neben dem Abgas weitere Schnittstellen zum Dampfprozess. Dies ist z.B. der Fall, wenn die Kühlluft für die hochbelasteten Bauteile nicht direkt in der Gasturbine verteilt wird, sondern über einen externen Kühler vor der eigentlichen Kühlaufgabe heruntergekühlt wird, um den Verbrauch zu senken und damit den Wirkungsgrad zu verbessern. Diese Wärme wird dann nicht an die Umgebung abgegeben (das würde den Wirkungsgrad des Kraftwerks empfindlich verringern), sondern in den Dampfkreislauf eingekoppelt, d.h. die Kühlluftkühlung wird zur Dampferzeugung genutzt, so dass die Wärme dem Prozess nicht verlorengeht.

Ohne eine zusätzliche Schnittstelle lassen sich auch im Kraftwerksmodell im Prinzip die Garantietools verwenden, mit einer Schnittstelle wie der beschriebenen Kühlluftkühlung muss auch das Gasturbinenmodell im Kraftwerksmodell wesentlich detaillierter aufgebaut sein. Meistens wird dann direkt das Entwicklungstool zur Berechnung der Randbedingungen in der Entwicklung oder ein daraus abgeleitetes Modell verwendet.

Performancetools zur Erzeugung von Randbedingungen für die Entwicklung

Heutige Gasturbinen und Flugtriebwerke haben in der Regel mehrere Kühlluftentnahmestellen am Verdichter, denn die Kühlluft wird auch in der Turbine auf unterschiedlich hohen Druckniveaus benötigt. Dementsprechend kann man nicht mehr mit einem einfachen Verdichter- oder Turbinenmodell arbeiten, sondern muss sowohl den Verdichter als auch die Turbine in mehrere Teilverdichter bzw. Teilturbinen unterteilen. In der Turbine kann sogar eine Modellierung der Einzelstufen sinnvoll sein. Auch das SAS wird in diesem Modell wesentlich komplexer modelliert als bei den Garantietools.

Mit dem Modell werden die thermischen und strömungsmechanischen Randbedingungen der einzelnen Komponenten erzeugt, so dass auch Änderungen an nicht direkt aufeinanderfolgenden Komponenten (z.B. Verdichter und Turbine) im Gesamtsystem korrekt berücksichtigt werden. Die Randbedingungen für die Komponentenauslegung sollten daher keinesfalls direkt zwischen Komponenten ausgetauscht werden (z.B. Brennkammer und Turbine), da bei jeder Veränderung einer Komponente immer alle anderen Komponenten ebenfalls reagieren werden, nicht nur die stromabwärts gelegenen. Beim direkten Datenaustausch würden also die anderen Systemreaktionen (im Beispiel insbesondere Verdichter und SAS) unberücksichtigt bleiben.

Performance-Monitoringtools

Bei Monitoringtools, die den Systemzustand und eventuelle Veränderungen im laufenden Betrieb einer Maschine überwachen sollen, ist die notwendige Detailtiefe vor allem durch die berücksichtigten Messstellen vorgegeben. Dies sind in der Betriebsinstrumentierung überraschend Wenige. Trotzdem lassen bestimmte charakteristische Veränderungen dieser Messstellen auf bestimmte, potentiell die Maschine gefährdende Fehlfunktionen schließen, so dass rechtzeitig reagiert werden kann. Monitoringtools müssen daher auch anpassungsfähig sein, um Veränderungen durch die normale Alterung oder Verschmutzung im Betrieb von plötzlichen Änderungen unterscheiden zu können. Der augenblickliche Rechenwert muss also frühere und unproblematische Änderungen berücksichtigen, um dies mit dem augenblicklichen Messwert vergleichen zu können. Im Gegensatz zu den vorgenannten Modellen wird also der Maschinenzustand mit Hilfe der Messungen laufend angepasst.

Vorgehen bei der physikalisch/analytischen Simulation

Dieses Know-how einer physikalisch/analytischen Modellierung zur Simulation und zum Monitoring soll hier vermittelt werden. Dabei geht es nicht so sehr um die verwendeten Werkzeuge, also ob man ein käufliches Simulationsprogramm verwendet oder ob man mit „bordeigenen" Mitteln arbeitet (was wir hier mit einer Programmiersprache namens Pascal tun werden), sondern es geht vielmehr um die prinzipielle Vorgehensweise dabei. Diese lässt sich auch in ganz anderen Bereichen in gleicher Weise anwenden: Insbesondere verfahrenstechnische Prozesse der thermischen Verfahrenstechnik können mit diesem Wissen ebenfalls präzise modelliert werden, sogar ohne die Notwendigkeit meist sehr teuere Lizenzen käuflicher Simulationsprogramme zu erwerben. Auf graphische Darstellung der Ergebnisse innerhalb des Simulationsprogrammes verzichten wir aber dabei zugunsten der Zielsetzung vollständig, denn die Aufgabe unseres Modelles soll sein, Ergebnisse (eine Menge Zahlen) zu erzeugen. Die Daten werden dann so in Dateien abgelegt, dass sie mit den üblichen Office-Programmen gelesen werden können und in einem postprocessing-Schritt in Diagrammform oder anderweitig geeignet graphisch dargestellt werden können. Der Verzicht auf die unmittelbare graphische Darstellung während der Simulation ist außerdem genau dann vorteilhaft, wenn das Simulationsprogramm für den Zweck vorgesehen ist, im Betrieb aus Messdaten auf den Zustand der Maschine zu schließen (Monitoring). Die graphische Darstellung nimmt heute viel mehr Rechenzeit in Anspruch als die eigentliche Berechnung.

Unser Vorgehen zerlegt sich also in die folgenden Schritte, von denen die ersten beiden variabel sind.

- Auswahl des Programmiersystems, in dem die Simulation durchgeführt werden soll. Wir verwenden hier die Programmiersprache Pascal, weil sie leicht erlernbar, sehr logisch aufgebaut und der Compiler als freeware kostenlos erhältlich ist. Pascal ist die „Urmutter" vieler heutiger Programmiersprachen, selbst in EBSILON wird eine Programmiersprache mit einer zu Pascal sehr ähnlichen Syntax genutzt.
- Kennenlernen der Syntax des Programmiersystemes (das sind die Regeln, wie die Anweisungen zu schreiben sind).
- Zerlegen des Systems in seine wichtigsten Bestandteile (Kernkomponenten oder Core Components), bei der Kraftwerksgasturbine sind das Verdichter, Brennkammer, Turbine und SAS-System. Weitere Bauteile sind das Ansaugsystem, der Abgasdiffusor und das nachfolgende Abgassystem, ggf. mit dem Dampferzeuger des Kombikraftwerks.
- Physikalische, thermodynamische und strömungsmechanische Analyse der Kernkomponenten in Bezug auf ihre Funktion und die wesentlichen Ein-

flussparameter (z.B. Eintrittsmachzahl, Strömungsmenge, Drücke, etc.). Dies ist der Schritt, der das größte technische Verständnis verlangt, bei aero-thermodynamischen Systemen natürlich insbesondere in den Gebieten Thermodynamik und Strömungsmechanik.

- Auf Basis der Analyse werden die Charakteristiken der Kernkomponenten festgelegt. Diese erlauben die Anpassung des theoretischen Verhaltens der Analyseergebnisse an das tasächliche Verhalten, bis hin zu einer direkten Verarbeitung von Messdaten im Betrieb.

- Die Codierung im gewählten Programmiersystem erfolgt modular, d.h. die Berechnungsmodule (in Pascal Prozeduren und Funktionen genannt) besitzen genau die Schnittstellen zu anderen Modulen, die auch die realen Komponenten aufweisen. Die modulare Programmierung ermöglicht später eine einfache Pflege und vor allem eine schrittweise Verfeinerung der Modellierungstiefe, wenn erforderlich. In objektorientierten Programmiersprachen (Object Pascal) können Komponenten als Objekte definiert werden. Die Möglichkeit, Eigenschaften eines Objekts (Datenstruktur als „record") und die zugehörigen Methoden (der code was bei bestimmten Ereignissen passieren soll) zu einem Objekt zusammenzufassen war im Prinzip bereits in Standard-Pascal vorhanden.

- Wegen der Nichtlinearität werden im eigentlichen Simulationsprogramm die Module in einer durch die Physik des Systems bestimmten Reihenfolge aufgerufen und in der Regel iterativ bis zur Konvergenz der Zielgrößen verarbeitet. Dabei müssen immer alle Module berücksichtigt werden, auch wenn sie nicht zu den Kernkomponenten gehören.

- Wir verfeinern das Gesamtmodell schrittweise, d.h. die Programmierung der Module erfolgt mit gleicher Schnittstellendefinition zunächst mit sehr einfachen Modellen, bei einer Turbine kann dies zu Beginn beispielsweise lediglich ein fester Wirkungsgrad sein. Danach bauen wir immer mehr der analysierten Zusammenhänge in das jeweilige Modul ein, bei der Turbine z.B. die Kühlluft, die Druckerzeugung am Eintritt usw.

- Das Gesamtmodell muss validiert werden, d.h. durch intensives Austesten des Modells werden das Modellverhalten und die Realität miteinander verglichen. Wo immer möglich, sollte dabei mit Messdaten verglichen werden und das Modell darf erst dann eingesetzt werden, wenn die Abweichungen unter der festgelegten Toleranz liegen. Diesen Schritt können wir in den Übungen aufgrund fehlender (veröffentlichter) Daten natürlich nur begrenzt durchführen.

- Wenn die Detailtiefe ausreichend ist, kann dann das Gesamtmodell noch nach einem vorgegebenen Regelungs- oder Fahrkonzept aufgerufen werden, so dass Teillast, Anfahren und andere Zustände simuliert werden können.

Übertragbarkeit der Vorgehensweise

Auch scheinbar völlig andere Systeme können mit diesem Verfahren in der gewünschten Detailtiefe abgebildet werden. Die Grenzen werden lediglich durch zwei Faktoren abgesteckt:

- Wieviel Arbeitszeit (und damit Geld) man bereit ist, in das Modell zu stecken.
- Das physikalisch/technische bzw. thermodynamisch/strömungsmechanische Verhalten des Systems und die eigenen Kenntnisse in diesem Bereich.

Den zweiten Punkt könnte man auch so formulieren: Finger weg von selbstgestricktem Halbwissen bzw. Halbunwissen. Das könnte im Einzelfall teuer werden. Allerdings kann das Risiko erheblich gemildert werden, wenn durch intensives Austesten eines Berechnungsmodells eine Modellvalidierung erfolgt. Diese ist auch bei käuflichen Programmen erforderlich.

Abbildung 1.1 Überströmung eines Stauwehrs mit Wassersprung (Alte Mainbrücke in Würzburg, Quelle: Autor)

Ein Beispiel für einen auf den ersten Blick völlig anderen Fall soll die Übertragbarkeit verdeutlichen. Abb. 1.1 zeigt die Überströmung eines Stauwehrs bei Hochwasser. Ein Teil des Wassers des Flusses wird dabei nicht über die Turbinen geleitet, sondern baut seine Energie über eine Beschleunigung auf „Überschwallgeschwindigkeit" (kein Druckfehler, die glatte Oberfläche des Wassers links) mit anschließendem verlustbehafteten Wassersprung (die turbulente Zone rechts) ab. Dazu kommen Randeffekte, wie die deutlich erkennbare turbulente Zone an den beiden Begrenzungswänden (unten und oben). Dieses Überströmsystem hat auch Rückwirkungen auf den Turbinenbetrieb, denn beim Beschleunigen auf die sog. Schwallgeschwindigkeit (wenn die „Froudezahl" Fr gleich 1 ist) staut sich das Wasser vor dem Wehr auf eine bestimmte Höhe auf, was wiederum die nutzbare Fallhöhe der Turbine verändert. Somit müsste ein Modell des überströmten Wehrs als Turbinenbypass sehr genau die Aufstauhöhe berechnen, was ohne detaillierte Analyse mit Hilfe von vorkonfektionierten Modellen nicht einfach erreicht werden kann.

Die Namensähnlichkeit zwischen Schallgeschwindigkeit und Schwallgeschwindigkeit ist nicht zufällig. Tatsächlich sind die Gleichungen einer gasdynamischen Strömung, die machähnlich ist, praktisch identisch mit der schießenden Wasserströmung am Wehr, die froudeähnlich ist. Im engsten Querschnitt einer Überschwalldüse ist die Froudezahl $Fr = 1$, genauso wie im engsten Querschnitt einer Überschalldüse die Machzahl $M = 1$ ist. Der im Bild erkennbare Wassersprung ist das Äquivalent des senkrechten Verdichtungsstoßes (Schallknall) in der Gasdynamik. Der Massenstrom lässt sich sehr exakt aus der Bedingung $Fr = 1$ berechnen, so wie er sich bei einer gasdynamischen Strömung aus $M = 1$ ermitteln lässt. Mit fast identischen Mitteln können wir daher ein scheinbar völlig anderes System modellieren.

Gasturbinen- und Kombikraftwerke

Wenn bereits vergleichsweise einfache Systeme eigene Modelle erfordern, wird schnell klar, dass dies bei den Kernkomponenten eines thermischen Kraftwerks erst recht nicht ohne diese geht. In diesem Zusammenhang werden wir dabei vor allem Kombikraftwerke betrachten (auch GuD genannt - Gas und Dampf), in denen eine oder mehrere mit Erdgas oder (mittlerweise seltener) Diesel befeuerte Gasturbinen Strom mit 36-40% Wirkungsgrad erzeugen und zusätzlich aus der noch vorhandenenen hohen Abgasenergie in einem Dampferzeuger Dampf für mehrere Dampfturbinenstufen erzeugt wird. Ohne die Notwendigkeit einer eigenen Befeuerung wird mit den Dampfturbinen zusätzlich Strom erzeugt, so dass der Nettowirkungsgrad (ins Netz nach Abzug des Eigenverbrauchs eingespeiste elektrische Leistung in Bezug auf die Brennstoffwärmeleistung der Gasturbine) nach heutigem Stand der Technik bis zu knapp über 60% beträgt. Dies liegt weit über den Wirkungsgraden modernster anderer Großkraftwerkstypen (Kohlekraftwerke maximal 43-47%, Kernkraftwerke 30-35%). Zwei Kombiblöcke eines solchen Kraftwerks können etwa die Leistung eines Kernkraftwerks (1000 MW) ersetzen.

In Kombikraftwerken (Abb. 1.2) sind alle Kernkomponenten der anderen Kraftwerkstypen präsent. Daher lassen sich die separat zu modellierenden Komponenten schnell identifizieren.

- Der oder die Gasturbinenverdichter (compressor, C),
- die Brennkammer(n) der Gasturbine (combustion chamber oder combustor CMB),
- die luftgekühlte Turbine(n) in der Gasturbine (turbine T),
- das Kühlluftverteilsystem der Gasturbine (secondary air system, SAS),
- nicht zu vergessen, ein mehr oder weniger komplexes Stoffwertberechnungsprogramm,
- der Turbinendiffusor (turbine diffuser D),
- der Abhitzekessel (heat recovery steam generator, HRSG, Abb. 1.3),
- die Dampfturbinen (steam turbine, ST), häufig als Zwei- oder Dreidrucksystem mit Hochdruck- (HP), Mitteldruck- (IP) und Niederdruck- oder Kondensationsturbinen (LP) evtl. mit Zwischenentnahmen,
- der Kondensator.

Abbildung 1.2 Prinzipieller Aufbau einer Kombianlage: Die Maschinenhalle (Trianel-Kombikraftwerk in Hamm-Uentrop)

Aufgrund der Tatsache, dass heutige Frischdampftemperaturen aus Festigkeitsgründen der Verrohrrung im Dampferzeuger typischerweise unter 640°C liegen, werden Dampfturbinen nicht gekühlt. Zur Ermittlung der Kraftwerksperformance reichen daher die in Programmen wie EBSILON bereitgestellten Modelle des Dampfkreislaufes häufig aus.

Abbildung 1.3 Prinzipieller Aufbau einer Kombianlage: Der Dampferzeuger und der Kamin (Trianel-Kombikraftwerk in Hamm-Uentrop)

Bei der Gasturbine sieht dies anders aus. Lediglich „Uraltmaschinen", die vor den 1970ern gebaut wurden, lassen sich mit solch einfachen Modellen abbilden. Bei modernen Gasturbinen ist dies aufgrund des komplexen SAS nicht mehr möglich oder sinnvoll. Hier müssen maschinenspezifische Komponentenmodelle zu einem Gesamtperformancemodell zusammengestellt werden. Dabei ist die Modellierung jedes einzelnen Stroms in der Maschine ergebnisrelevant. Mit Modellen der vier Kernkomponenten (C, CMB, SAS und T) lassen sich dann auch andere Modelle im Gesamtkraftwerk verbessern, insbesondere

- Gebläse zur Verbrennungsluftzufuhr in Kohlekraftwerken,
- Dampfturbinen (reduziertes Modell ohne Schaufel- und Rotorkühlung),

■ Brenner oder Zusatzfeuerung in konventionellen Dampferzeugern.

Daher werden wir uns im Rahmen dieser Einführung auf ein Performancemodell der Gasturbine konzentrieren. Das Ziel ist es, ein modulares System zur Verfügung zu stellen, aus dem dann die Modelle der Kernkomponenten einfach in andere Programmsysteme wie EBSILON übertragen werden können. Die Portabilität ist aber insofern ein Problem, dass in der späteren Anwendung in unterschiedlichen Firmen (Kraftwerkshersteller oder Kraftwerksbetreiber) eine unüberschaubare Vielzahl von Programmsystemen besteht, die allesamt nicht kompatibel untereinander sind. Deswegen macht es wenig Sinn in einer Lehrveranstaltung oder in einer prinzipiellen Darstellung die speziellen Eigenschaften eines bestimmten Programmes oder Simulationssystems zu betrachten, wenn man ohnehin das Gelernte mit hoher Wahrscheinlichkeit später in einem anderen System nutzen wird. Wir verwenden daher das Programmiersystem nur als Vehikel, um diese Prinzipien kennenzulernen und werden die eigentliche Codierung nur mit Hilfe von frei verfügbarer Software durchführen.

Warum Pascal?

Pascal ist eine leicht zu lernende und äußerst logisch aufgebaute Programmiersprache. Pascal wurde zwischen 1968 und 1972 von Nikolaus Wirth [Wirth, 1976], einem schweizer Informatiker entwickelt. N. Wirth war auch an der Entwicklung von anderen Programmiersprachen beteiligt, z.B. Euler, Algol, Modula und Oberon. Großen Erfolg hatte aber Pascal, denn es ermöglichte Dank der Verbreitung in der bekanntesten Version Turbo-Pascal (von Borland) für den PC auch Nicht-Spezialisten die Erstellung von Programmen auf dem PC.

Wenn man sich an wenige, einfache Spielregeln der Programmierung hält, sind Pascalprogramme auch für Andere verständlich. Gut geschriebenen Quellcode versteht in der Regel auch jemand, der vorher noch nie mit Pascal zu tun hatte. Dies ist besonders wichtig, weil komplexe Programme wie eine Kraftwerkssimulation nicht nur von einzelnen Personen erstellt werden, sondern modular aufgebaut sind und es zulassen müssen, dass mehrere Personen an einem Modell arbeiten. Die Definition der Schnittstellen zwischen den Komponentenmodellen ist einheitlich, in unserem Fall werden dies Ströme gasförmiger oder flüssiger Stoffe mit ihren thermodynamischen Eigenschaften sein (Gasgemische variabler Zusammensetzung, unter Temperatur, Druck, Entropie, Dichte, etc.). Innerhalb der bereits erwähnten Simulationsumgebung EBSILON wird zudem zur Programmierung eine pascalähnliche Sprache verwendet, so dass ein späterer Einbau eines fertigen Modells in EBSILON leicht fällt.

Pascal bot von Anfang an die hierzu notwendigen Datenstrukturen und Verfahren an. Im Gegensatz zum bis heute gebräuchlichen FORTRAN wurde bei der Konzipierung von Pascal vor allem Wert darauf gelegt, dass bereits der Compiler viele inhärente Programmierfehler erkennt und die Programmausführung verhindert[1]. Über die Datenstruktur von „records" können eigene Datentypen beliebiger Größe und beliebigen Inhalts definiert werden. Das ist genau das, was wir hier benötigen, denn der Massenstrom zwischen zwei Komponenten hat bestimmte **Eigenschaften**, die nicht unbedingt rein numerischer Natur (Zahlen) sein müssen. Dem Strom können beispielsweise auch logische Eigenschaften zugeordnet werden (true/false, ein/aus), es kann ihm ein Name gegeben werden (Wörter, Sätze) oder, wenn das benötigt wäre, auch selbst definierte Eigenschaften und Variablen wie „Farbe" und „Geruch". Selbstverständlich muss der Wertebereich solcher Variablen dann in einer vorherigen Typendeklaration definiert werden (z.B. type color = (red, green, yellow);).

Zusätzlich bietet Pascal die Möglichkeit, über „pointer" auch zur Laufzeit eines Programms vom Betriebssystem zusätzlichen Speicherplatz anzufordern (zu allokieren) und diesen auch wieder freizugeben. Dies ist für alle Anwendungen wichtig, bei denen nicht von vorneherein klar ist, wieviel RAM-Speicher zur Laufzeit benötigt wird, also eine Flexibilität bis zum Maximalspeicherangebot des verwendeten Computers erwartet wird. Klassischer Anwendungsfall sind die Monitoringprogramme, die ähnlich wie Datenbanken eine vorher unbekannte Zahl von Messdatensätzen verarbeiten müssen.

Schließlich ist Pascal auch streng modular aufgebaut. Über Prozeduren („procedure") und Funktionen („function") lassen sich **Methoden** zur Behandlung und Verarbeitung der Datensätze definieren. Bei uns geht es hier um die Methoden zur Berechnung der thermo- und fluiddynamischen Zustandsänderungen der materiellen Ströme in der Maschine und die daraus resultierenden immateriellen Flüsse von Energie (Leistung und Wärmeströme).

Diese gerade genannten Eigenschaften von Pascal haben letztlich bereits die Prinzipien der heute verwendeten **objektorientierten Programmiersprachen** wie C++ vorweggenommen. Ein *Objekt* ist nämlich eine Erweiterung des Standard-Pascal record Datentyps. Ein Objekt vereinigt die Eigenschaften (die im record gespeichert sind) mit den Methoden (procedures und functions) und fügt auch Ereignisse („events") hinzu. Vereinfachend gesagt gilt ([Azeem, 2015]):

Objekt = Daten + Code zur Behandlung der Daten

---

[1]Ein sehr lustiger Artikel aus den guten alten Anfangstagen der Programmierung ist „Real Programmers Don't Use Pascal" [Post, 1983]. Besser kann man die Vorteile strukturierter Programmierung wirklich nicht erklären. Man versteht den Text besonders gut, wenn man bereits mal das „Vergnügen" hatte, ein unstrukturiertes FORTRAN-Programm zu durchblicken ...

Kein Wunder also, dass Pascal bereits sehr frühzeitig zu einer objektorientierten Programmiersprache erweitert wurde, dem sog. **Object-Pascal**. Object-Pascal kam unter dem Namen **Delphi** als Nachfolger des weit verbreiteten **Turbo-Pascal** auf den Markt. Leider konnte sich aber auch Object-Pascal auf dem kommerziellen Sektor nicht gegen die Konkurrenz durchsetzen, warum auch immer.

Der Vorteil für uns, der sich aus diesem Umstand ergeben hat, ist die Tatsache, dass mit der kommerziellen Einstellung des Produkts Delphi Objekt Pascal nicht vollständig verschwunden ist, sondern von den Programmierern als freeware weiterentwickelt wurde. Nach der Einstellung des Supports von Turbo-Pascal wurde im Juli 2000 die Version 1.0 von **Free Pascal Compiler** freigegeben. Free Pascal ist ein Turbo-Pascal und Delphi kompatibler Compiler und beherrscht somit sowohl die klassische Standard-Pascal Syntax („code-oriented") als auch die Objekt-Pascal Syntax („object-oriented"), siehe [Azeem, 2015].

Unter dem Namen **Lazarus-Projekt** wurde Free-Pascal dann in eine windows-orientierte graphische Entwicklungsumgebung gepackt (IDE, Integrated Development Environment), die im August 2012 als Version 1.0 freigegeben wurde. Woher der Name Lazarus-Projekt stammt, dürfte sich nach kurzem Nachdenken selbst erklären. Jedenfalls ist auch Lazarus frei verfügbar und als kostenlos erhältliche objektorientierte Programmiersprache mit graphischer Entwicklungsoberfläche von hohem Wert. Am wichtigsten ist jedoch die Tatsache, dass man damit entwickelte Programme frei verwenden darf, ohne dass Lizenzgebühren fällig werden. Das ist nämlich nicht in allen kommerziell angebotenen Programmiersystemen der Fall.

Hinweis zur Lehrveranstaltung und zu den Übungen

Unabhängig von solchen Beschränkungen können wir mit Pascal (in der Originalversion „as Wirth meant it to be") bzw. Lazarus unsere Modelle auf eigenen Rechnern testen und machen uns in der Lehrveranstaltung und der Übung von der Zahl der vorhandenen Lizenzen weitgehend unabängig. Wie in der Modulbeschreibung angeführt, wird die Veranstaltung daher aktive Mitarbeit erfordern und einfordern. Am besten ist es, wenn jeder Teilnehmer ein Laptop oder Netbook mitbringt, um eventuelle Übungen direkt zu bearbeiten. Es spricht aber auch nichts dagegen, wenn sich zwei oder drei Teilnehmer zu einem Team zusammentun und nur ein Laptop dabei haben.

Erster Schritt ist also die Installation des **Free Pascal Compilers (FPC)** auf dem eigenen Rechner (bitte keine Smartphones oder Pads), weil er kostenlos nutzbar ist, die Programmierung unterstützt und die volle Standard-Pascal Syntax beherrscht. Er ist für die verschiedensten CPU-Typen und Betriebssysteme unter der Adresse

http://www.freepascal.org/download.var

erhältlich. Die Programmiersprache werden wir anhand der Beispiele aktiv erlernen, die Spielregeln einer (für andere !!!!) verständlichen und lesbaren Programmierung ebenfalls. Die objektorientierte Version von Pascal ist bei FPC zwar automatisch mit dabei, wir werden sie allerdings hier nicht anwenden, denn die Zielsetzung ist nicht ein Programmierkurs, sondern die technische Anwendung. Wer sich in Bezug auf objektorientierte Programmierung parallel dazu weiterbilden möchte, sollte sich zusätzlich auf jeden Fall auch die IDE (Lazarus) herunterladen. Lazarus enthält auch den FPC, der in diesem Fall nicht separat installiert werden muss (aber natürlich werden kann). Download unter

http://www.lazarus-ide.org/

Arbeitet man direkt mit FPC (ohne Lazarus) sollte auch zusätzlich ein guter Editor installiert werden. Der im Compiler FPC mitgelieferte Editor hat zwar einige Vorteile, ist aber in mancher Hinsicht etwas unpraktisch. Vorteilhaft ist die deutliche Hervorhebung der Pascal-Syntax und die Unterstützung der gut strukturierten Programmierung durch automatisches Einrücken. Nachteilig ist insbesondere das sehr kleine und nicht veränderbare Fenster, aber auch der blaue Hintergrund bietet bei der Anzeige von Konstanten (hellblaue Schrift) kaum Kontrast.

Insofern wird ein anderer Editor empfohlen, nämlich die freeware **Notepad++** von

http://notepad-plus-plus.org/

Den download kann man von allen einschlägigen Plattformen bekommen. Notepad++ wurde speziell für Programmierer entworfen und kennt die Syntax der heute gängigen Programmiersprachen. Nachdem diese praktisch alle auf Pascal zurückzuführen sind, wird von Notepad++ auch die Pascal-Syntax erkannt und aktiv durch Hervorhebungen und unterschiedliche Farben unterstützt. Dazu kommt noch der Vorteil, dass auch zusammengehörige Strukturen (Schleifen, etc.) von diesem Editor kenntlich gemacht werden, was gerade bei der Fehlersuche sehr hilfreich ist. Dieser Editor ist für alle Programmiertätigkeiten sehr zu empfehlen. Schon die Einleitung auf der homepage zeigt, dass ein so mächtiges tool immer noch kostenlos sein kann, wenn nur der richtige mindset vorliegt:

About

Notepad++ is a free (as in "free speech" and also as in "free beer") source code editor and Notepad replacement that supports several languages. Running in the MS Windows environment, its use is governed by GPL License.

Mehr braucht man hierzu nicht zu sagen.

2 Thermodynamik

Grundsätzliches zu Kombikraftwerken (GuD-Kraftwerke)

In Kombikraftwerken werden zwei oder mehrere thermodynamische Prozesse hintereinandergeschaltet, die sich aufgrund ihrer thermodynamischen Daten möglichst gut ergänzen. Dadurch lassen sich thermische Wirkungsgrade erzielen, die durch einen einzelnen Prozess nur sehr schwer oder gar nicht erreichbar wären. Die derzeit höchsten Nettowirkungsgrade (ins Netz eingespeiste elektrische Energie zur Brennstoffwärme) von über 60% lassen sich durch die Kombination eines Jouleprozesses oder eines Joule-Reheatprozesses mit Dampfkraftprozessen als GuD-Prozess erzielen. GuD steht für „Gas und Dampf", international werden diese Prozesse als Combined Cycle Power Plant (CCPP) bezeichnet. In Abb. 2.1 ist dieses Wirkprinzip stark vereinfacht dargestellt, denn der Dampfkraftprozess muss thermodynamisch hochwertig sein, was eine recht komplizierte Dampfleitungsführung mit sich bringt:

„Wie fanden Sie unsere Gasturbine?"

„Nach langer Suche hinter der Verrohrung des Dampfprozesses!"

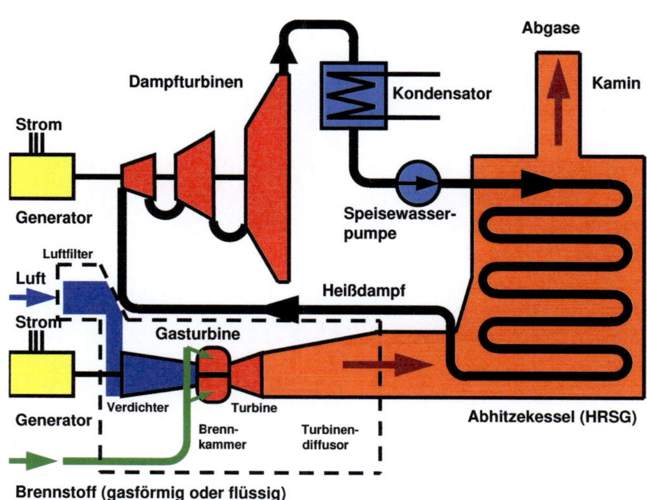

Abbildung 2.1 Prinzipbild eines Kombikraftwerks. Gestrichelt: Der Bereich der Gasturbinensimulation.

Diese Aussage ist zwar stark übertrieben, aber die Baugröße und der Flächenbedarf eines Kombikraftwerks wird stark vom Wasser-Dampfkraftteil beeinflusst (Abb. 2.2). Es wird zwar 100% des Wärmeeinsatzes in der Gasturbine umgesetzt und etwa 2/3 der Gesamtleistung des Kraftwerks kommt von der Gasturbine. Dagegen tragen die Dampfturbinen (meistens zwei oder drei) insgesamt nur zu etwa 1/3 zur Gesamtleistung des Kraftwerkes bei. Kostenseitig sind die Verhältnisse eher umgekehrt. Diese Leistungsanteile geben auch die überschlägige Gesamtwirkungsgradsteigerung durch den Dampfkraftprozess an: Die Gasturbine alleine hat bereits einen elektrischen Wirkungsgrad von etwa 40%, zu ihrer eigenen Leistung kommt noch einmal etwa die Hälfte aus dem Dampfkreislauf dazu, so dass (bezogen auf den Gesamtwärmeeinsatz des Kraftwerks) die Dampfturbinen einen zusätzlichen (additiven) Wirkungsgrad von 20% erzeugen, also beim heutigen Stand der Technik für das Gesamtkraftwerk etwa 60%.

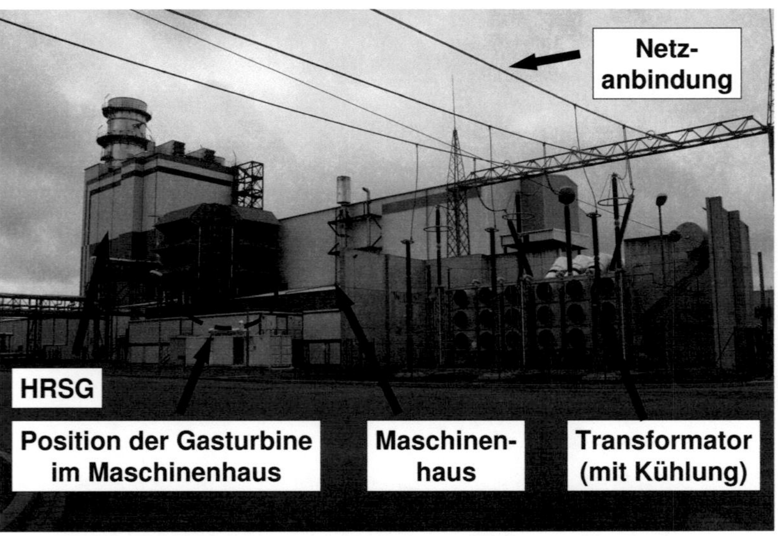

Abbildung 2.2 Maschinenhaus, HRSG, Kamin und Transformator (Trianel-Kombikraftwerk in Hamm-Uentrop)

Auch den Dampfkraftprozess kann man getrennt bilanzieren: Die Abgaswärme der Gasturbine beträgt noch etwa 60% des Wärmeeinsatzes (100% - 40%). Die zusätzliche Leistung der Dampfturbinen ist 20% des Wärmeeinsatzes, so dass der thermische Wirkungsgrad des Dampfkraftprozesses für sich alleine betrachtet etwa 33-35% (20/60) beträgt.

Das hört sich zwar zunächst im Vergleich zum Wirkungsgrad moderner Kohlekraftwerke (bis etwa 47%) vergleichsweise unspektakulär an, stellt aber angesichts der niedrigen Abgastemperaturen (je nach Gasturbinentyp zwischen 520°C und 640°C) im Vergleich zur Kohlefeuerung eine enorme technische Herausforderung dar. Primär müssen die wärmeübertragenden Flächen im Dampferzeuger (HRSG = Heat Recovery Steam Generator) erheblich größer ausgelegt sein als beim Kohlekraftwerk, denn die Gesamtwärme wird vor allem im Überhitzer bei deutlich geringerer Temperaturdifferenz übertragen. Dies führt einerseits zu enorm hohen Kosten des Boilers selbst (viel mehr Verrohrung im Boiler, viel größeres Bauvolumen), andererseits muss die Wärme beim Durchströmen des Abgases durch den Boiler auch noch bei schnell absinkendem Temperaturniveau des Abgases übertragen werden. Das heißt, die thermodynamischen Vorteile des Dampfkraftprozesses können nur genutzt werden, wenn die Turbinen auf verschiedenen Druckniveaus mit Zwischenüberhitzung arbeiten, damit jeweils die passende Dampftemperatur angeliefert wird. Dazu kommen dann noch andere Prozessverbesserungen, um auch das letzte Exergiepotential des Abgases auszunutzen, etwa Speisewasservorwärmung, Dampfabzweigung, Dampfrückführung, Regeneration, etc.

Mit anderen Worten: Der Dampfprozess im Kombiprozess ist trotz seines scheinbar niedrigen Wirkungsgrades äußerst komplex in der Prozessführung und ist auf Wirkungsgrad und Energieausnutzung getrimmt, sonst lohnt es sich nämlich gar nicht einen Kombiprozess anzusetzen. Und er verlangt deswegen auch hohe Investitionskosten und baut groß (womit sich die eingangs gestellte Frage und die Antwort wohl erklärt hat).

Aufgrund des niedrigen Temperaturniveaus sind HRSG in Kombianlagen hinter Gasturbinen oft als Mehrdruckkessel ausgeführt. Hierbei werden im Prinzip bis zu drei Dampferzeuger, jeweils bestehend aus Überhitzer, Verdampfer und Economizer hintereinandergeschaltet, die auf unterschiedlichem Druckniveau arbeiten. Diese hohe Prozesskomplexität wird notwendig, um eine niedrige Abgastemperatur nach HRSG und somit einen guten Kesselwirkungsgrad zu erreichen, denn dies ist bei einem HRSG hinter einer Gasturbine wesentlich schwieriger als bei einem Dampfkessel hinter einer „normalen" Feuerung, da der pinch point (Punkt der geringsten Grädigkeit eines Wärmetauschers), das heißt die kleinste Temperaturdifferenz zwischen Abgas und Dampf, am heißen Ende des Wärmetauschers liegt. Dies liegt am Wärmewertverhältnis der beiden Seiten des Wärmetauschers. Die Abgasseite liegt hier deutlich höher, da Abgasmassenstrom und -temperatur vom optimierten Joule- oder Reheat-Prozess (Jouleprozess mit zweiter Brennkammer

Abbildung 2.3   Maschinenhaus, Luftfilter und HRSG (Trianel-Kombikraftwerk in Hamm-Uentrop)

nach erster Expansion) bestimmt werden. Bei einer konventionellen Feuerung liegt die Luftzahl (Lambda) möglichst knapp über 1, bei Gasturbinenbrennkammern liegt sie dagegen aus Emissionsgründen (Premix-Low-NO_x) um ein Mehrfaches höher. Dadurch ist die vorhandene Wärmeenergie im Gasturbinenabgas auf einen größeren Massenstrom verteilt.

Es ist physikalisch bedingt und kein Fehler der Technik oder irgendeiner Technologie: Das letzte Prozent bei einer Wirkungsgradverbesserung ist immer auch das teuerste. Die zusätzlichen Prozente am oberen Ende führen zu einer exponentiellen Steigerung der Gesamtkosten. Ein thermischer Prozesswirkungsgrad von 65% (d.h. vor Abzug des Kraftwerk-Eigenbedarfs) ist nicht umsonst zu bekommen und ist im Vergleich zu allen anderen Kraftwerkstypen viel näher am Carnotprozesswirkungsgrad dran.

Diese Situation wird noch deutlicher, wenn man Folgendes berücksichtigt: Ein großer Teil der Abwärme des Gesamtprozesses (etwa 35% der Brennstoffwärme) wird im Kondensator bei einer Temperatur von nur noch $30 - 35°C$ an die Umge-

Abbildung 2.4 Nassrückkühler des Kondensators (Trianel-Kombikraftwerk in Hamm-Uentrop)

bung abgegeben. Obwohl die Absolutwärmemenge riesig erscheint, ist sie weder als Prozesswärme noch als Heizwärme sinnvoll nutzbar, denn Fernwärmenetze zu Heizzwecken müssen im Betrieb deutlich höhere Temperaturen aufweisen. Selbst für Niedertemperatur-Fußbodenheizungen reicht diese Temperatur im Betrieb nicht als Vorlauftemperatur aus, denn je niedriger die Umgebungstemperatur, desto niedriger ist beim optimierten Dampfkraftprozess auch die Kondensationstemperatur.

Der hohe elektrische Wirkungsgrad lässt sich also nur erreichen, wenn die Temperatur der Abwärme des Kreisprozesses nicht einmal für Heizzwecke im Wohnbereich geeignet ist. Die Abwärme ist also prinzipiell (durch die Thermodynamik bedingt) nicht mehr nutzbar. Sehr häufig zu lesende anderslautende Kommentare („Selbst die besten thermischen Kraftwerke ‚blasen' immer noch fast die Hälfte der Energie ungenutzt in die Umgebung") sind schlicht unsinnig. Sie bezeugen nur die völlige Unwissenheit dieser meist selbst ernannten „Energieexperten".

Will man die Abwärme von großen Wärmekraftwerken noch zu Heizzwecken oder als Prozesswärme nutzen, kann dies nur über eine bewusste Verschlechterung des Wirkungsgrades (Nutzleistung zu zugeführter Wärme) zugunsten des Gesamtnutzungsgrades (Nutzleistung plus Nutzheizwärme zu zugeführter Wärme) geschehen. Genau dies wird bei Heizkraftwerken auch umgesetzt. Ein Teil des Dampfes wird vor den letzten Turbinenstufen der ND-Turbine auf höherer Temperatur abgezweigt und dient der Heizwärmegewinnung. Die ND-Turbine hat dann je nach Höhe der abgezweigten Wärmemenge eine entsprechend kleinere Nutzleistung. Der Nutzungsgrad der Energie steigt, aber der Prozesswirkungsgrad sinkt. Trotzdem ist die bessere Ausnutzung der Energie im Vergleich zur konventionellen (getrennten) Heizwärmeerzeugung positiv zu bewerten.

Auch Heizkraftwerke sind also gekoppelte Prozesse zur Strom- und Wärmegewinnung. Im Prinzip hat die Gasturbine in einem Kombikraftwerk die selbe Aufgabe: Einerseits Leistung auf die Welle zu bringen, andererseits genügend viel Wärme auf genügend hohem Temperaturniveau für den nachfolgenden Dampfkreislauf zur Verfügung zu stellen. Daher ist der Gasturbinenprozess im Kombikraftwerk - im Gegensatz zu einer Fluggasturbine - auch nicht auf einen optimiert hohen eigenen Wirkungsgrad ausgelegt. Ein hoher Wirkungsgrad der Gasturbine bedeutet nämlich gleichzeitig niedrigere Abgastemperatur und damit schlechtere Wirkungsgrade im Dampfprozess. In der Realität ist eine Kraftwerksgasturbine daher zwar auf einen hohen eigenen Wirkungsgrad ausgelegt, aber nicht auf den mit der jeweiligen Technologie zusammenhängenden höchstmöglichen Wirkungsgrad. Der Kombiprozesswirkungsgrad sinkt bereits, bevor der Gasturbinenwirkungsgrad sein Maximum erreicht.

Optimierung der Kraftwerkskomponenten

Eine Fluggasturbine wird auf optimalen eigenen Wirkungsgrad ausgelegt (minimierter Brennstoffverbrauch). Eine Kraftwerksgasturbine wird dagegen auf einen optimalen Kraftwerksgesamtwirkungsgrad im Verbund mit dem Dampfprozess ausgelegt. Die Thermodynamik beider Prozesse ist daher bereits bei Auslegung immer gemeinsam zu betrachten, der optimale Auslegungspunkt der Gasturbine liegt im Wirkungsgrad leicht niedriger als das Optimum des Jouleprozesses, in der spezifischen Arbeit (Wellenleistung pro Ansaugmassenstrom) dafür etwas höher.
JEDER Verbundprozess (KWK, KWKK, Kombiprozess, Heizkraftwerk) muss in Hinblick auf die zum Einsatz kommenden Komponenten auf das gewünschte Gesamtziel optimiert werden. Der optimale Punkt liegt aber NIE bei für sich alleine auf den Wirkungsgrad optimierten Komponenten.
Die Summe aller „Sehr Gut" ergibt bestenfalls „Gut". Die Summe aller „Gut" dagegen bestenfalls „Sehr Gut"!

Aus dieser Betrachtung heraus wird unmittelbar offensichtlich: Um die Gesamtperformance von Kraftwerken zu optimieren, muss man deren Kernkomponenten thermodynamisch so genau wie möglich im Modell abbilden und deren Zusammenspiel im Verbund betrachten. Bei einer Gasturbine als Schlüsselkomponente im Kraftwerk ist hier eine sehr hohe Simulationstiefe nötig, denn auch sie besteht wiederum aus den thermodynamisch voneinander abhängigen Komponenten Verdichter, Brennkammer, Turbine und SAS. Auch diese Komponenten müssen im Zusammenwirken optimal in Hinblick auf das Kraftwerk ausgelegt werden. Es reicht nicht aus, den Verdichter mit dem bestmöglichen Wirkungsgrad der Beschaufelung an die Turbine mit dem bestmöglichen Wirkungsgrad „zu schrauben" (Brennkammer dazwischen nicht vergessen), um damit die optimale Gasturbine zu haben. Wie im Kraftwerk selbst kann eine leichte Einbuße beim Turbinenwirkungsgrad von Vorteil sein, wenn dadurch Kühlluft gespart werden kann, was den Verdichter und den Prozess verbessert. Kann, muss aber nicht: Alle Zusammenhänge sind grundsätzlich nichtlinear und daher nicht extrapolierbar.

Optimierung der Gasturbinenkomponenten

Eine Gasturbine wird auf ein optimales Zusammenwirken ihrer Hauptkomponenten ausgelegt. Änderungen an einer der Komponenten betreffen immer alle anderen in ihrer Thermodynamik. Nicht jede Verbesserung an einer Stelle führt auch zu einer Gesamtverbesserung der Maschine als Einheit. Der optimale Punkt liegt auch hier NIE bei für sich alleine auf Wirkungsgrad optimierten Komponenten.

Wir haben es vor allem mit dem offenen Jouleprozess zu tun, dessen wesentliche Eigenschaften die Gesamtperformance beeinflussen. Diesen betrachten wir zunächst aus thermodynamischer Sicht, sehen uns aber zuvor den Verbund im Kombiprozess detaillierter an.

Kombikraftwerk, GuD-Kraftwerk, CCPP

Ein Kombiprozess besteht aus zwei voneinander abhängigen, thermodynamischen Prozessen: Aus dem „topping cycle", das ist der Gasturbinenprozess (Joule oder Joule-Reheat) und dem „bottoming cycle", das ist der Dampfkraftprozess (Clausius-Rankineprozess mit Überhitzung und Unterkühlung in mehreren Druckstufen, Abb. 2.5), der aus der Abgasrestwärme des topping cycle betrieben wird, in der Regel heute ohne zwischengeschaltete Zusatzfeuerung.

Weltweit werden in Kombikraftwerken nur noch zwei verschiedene Gasturbinenprozesse eingesetzt: Der klassische Jouleprozess mit einem mehrstufigen Axialkompressor, einer Brennkammer und einer mehrstufigen Axialturbine. Turbine

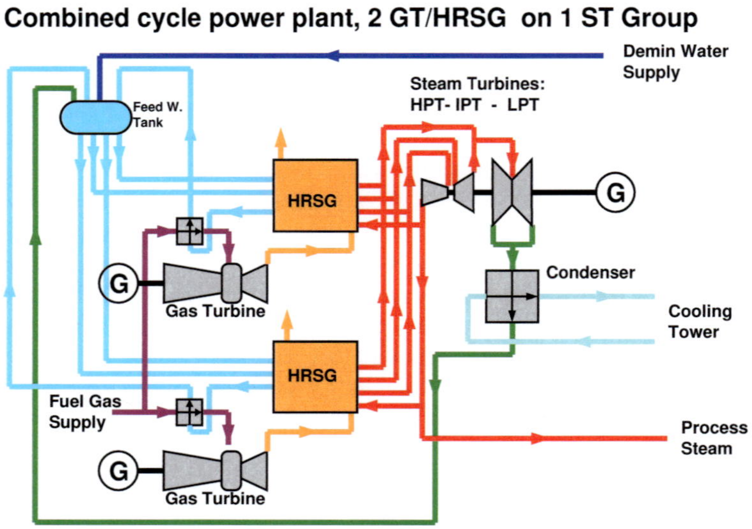

Abbildung 2.5 Schema Kombikraftwerk mit Brennstoffvorwärmung, zwei Gasturbinen und einer Dampfturbogruppe

und Kompressor sitzen dabei auf einer Welle und sind im Gegensatz zu Flugturbinen (und den Aeroderivatives, das sind kleine Kraftwerksturbinen, die aus modifizierten Flugtriebwerken entstanden sind) nicht mehrwellig. Der zweite Gasturbinenprozess ist der Joule-Reheat-Prozess oder kurz Reheat-Prozess. Im Unterschied zum Jouleprozess wird nach der ersten Brennkammer und der ersten Turbinenstufe eine zweite Brennkammer zwischengeschaltet, die das Abgas noch vergleichsweise hoher Temperatur nochmals auf die volle Temperatur bringt, so dass in der zweiten, mehrstufigen Turbine das Arbeitsmedium nochmals über die gleiche Enthalpiedifferenz wie in der ersten Turbine entspannt wird. Diese Prozessführung hat drei wesentliche Vorteile, überraschenderweise gehört der nur geringfügig bessere thermische Wirkungsgrad nicht dazu.

- Der Prozess besitzt gegenüber dem Jouleprozess bei gleichem Ansaugmassenstrom eine wesentlich höhere spezifische technische Arbeit. Der Massenstrom leistet an zwei Turbinen Arbeit, die Maschine ist wesentlich kompakter bei mehr Leistung.
- Bei gleichem Gesamtdruckverhältnis ist die Abgastemperatur höher, was be-

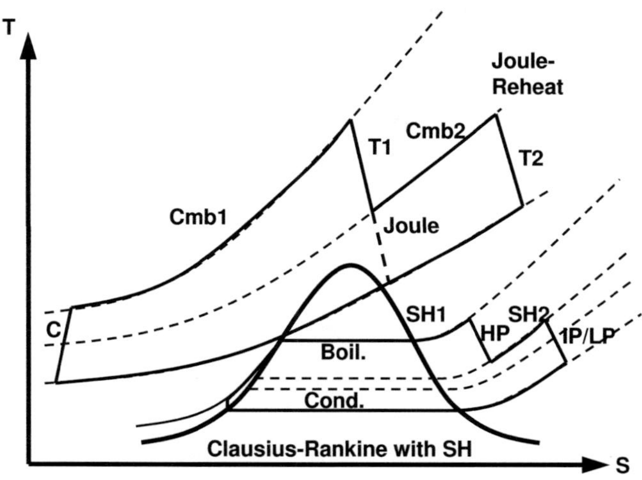

Abbildung 2.6 T-S-Diagramm Kombi (Prinzip)

sonders im Teillastverhalten einen besseren Kombiwirkungsgrad erreichen lässt. Die Abgastemperatur kann aufgrund der zweiten Brennkammer über einen größeren Teillastbereich durch das Betriebskonzept kontrolliert hoch gehalten werden.

- Die Emissionen, insbesondere NO_x, sind wegen der gestuften Wärmezufuhr deutlich niedriger, ebenso wie die unverbrannten Brennstoffbestandteile im Abgas (UHC = Unburned Hydro Carbons; VHC = Volatile Hydro Carbons; VOC = Volatile Organic Components). Die heute praktisch weltweit gesetzlich vorgeschriebenen niedrigen Schadstoffemissionswerte lassen sich einfacher erreichen.

Dass dafür die Komplexität der Maschine selbst (mehr Bauteile) größer ist, was auch auf die Kosten Einfluss hat und dass die Ansprüche an die Regelung und den Schutz dieser Maschinenbauart steigen, dürfte dagegen außer Frage stehen. Derzeit gibt es nur zwei Maschinen mit dieser Prozessführung, die GT24 und die GT26 von Alstom. Aktuelle Performancedaten dieser Maschinen sind (Anfang 2015):

GT24 (60 Hz):

- $P = 235{,}0$ MW
- $\eta = 40{,}0\%$

- $\dot{m}_{\mathrm{Exh}} = 505$ kg/s
- $T_{\mathrm{Exh}} = 608°$C
- $\pi = 35{,}4$ (Pressure ratio)

GT26 (50 Hz):

- $P = 345{,}0$ MW
- $\eta = 41{,}0\%$
- $\dot{m}_{\mathrm{Exh}} = 715$ kg/s
- $T_{\mathrm{Exh}} = 616°$C
- $\pi = 35{,}0$ (Pressure ratio)

Die Maschinen besitzen einen externen Kühlluftkühler, dessen Wärme in den Dampfkreislauf eingespeist wird. Bei den oben angegebenen Daten ist der aus den Kühlluftkühlern stammende Anteil der Dampfturbinenleistung aus Vergleichsgründen mit nicht extern gekühlten Maschinen bei der Gasturbine mitberücksichtigt. Zur Ermittlung des Kombiwirkungsgrades darf diese im Dampfkreislauf dann natürlich nicht ein zweites Mal eingerechnet werden.

Kreisprozesse

Kreisprozesse sind dadurch gekennzeichnet, dass ein Arbeitsmedium nacheinander unterschiedliche Zustandsänderungen durchläuft und am Ende eines Zyklus wieder im selben Zustand vorliegt wie zu Beginn. Ziel eines Kreisprozesses ist die kontinuierliche Gewinnung von Arbeit oder der Transport von Wärme entgegen der „natürlichen" Flussrichtung, also von kalt nach warm.

Man unterscheidet zwischen:

- Wärmekraftprozessen (rechtslaufende Kreisprozessen, Abb. 2.7 a)
- Kältemaschinenprozessen (linkslaufende Kreisprozessen, Abb. 2.7 b)

Der Drehsinn bezieht sich dabei auf die gängigen Diagrammtypen, z.B. p-v-Diagramm, T-s-Diagramm, h-s-Diagramm, $\log p$-h-Diagramm etc. Tauscht man etwa die Achsen gegeneinander aus, wäre natürlich auch der Drehsinn entgegengesetzt, z.B. bei einem v-p-Diagramm.

Ein rechtslaufender Kreisprozess (Zustandsänderungen laufen im T-s Diagramm und im p-v Diagramm im Uhrzeigersinn ab) liefert Nutzarbeit und verbraucht Wärme eines Wärmereservoirs (Wärmekraftprozess).

Ein linkslaufender Kreisprozess (Zustandsänderungen laufen im T-s Diagramm und im p-v Diagramm gegen den Uhrzeigersinn ab) benötigt von außen zuzuführende Arbeit und transportiert Wärme eines Kaltkörpers zu einem wärmeren Körper (Kältemaschinenprozess).

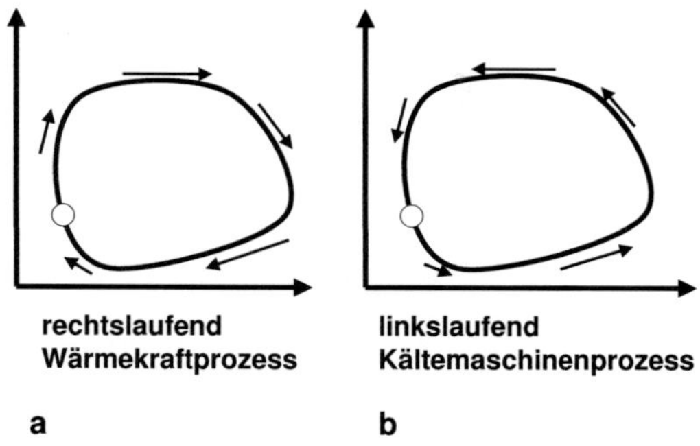

Abbildung 2.7 Kreisprozesse: (a) Wärmekraftprozess, (b) Kältemaschinenprozess.

Wärmekraftprozesse

Ein Wärmekraftprozess (Abb. 2.8) benötigt

- (mindestens) ein Wärmereservoir, von dem Wärme aufgenommen werden kann (Heißkörper),
- (mindestens) ein Wärmereservoir, an das Wärme abgegeben werden kann (Kaltkörper),
- ein Arbeitsmedium, das im geschlossenen Kreislauf zyklisch immer wieder in den gleichen Zustand gebracht wird.

Energiebilanz von Kreisprozessen

Jeder Kreisprozess stellt ein in sich geschlossenes System dar. Nachdem das Arbeitsmedium immer wieder am gleichen Zustandspunkt ankommt, ist seine gesamte Änderung der inneren Energie in der Summe immer Null. Daher gilt nach dem 1. Hauptsatz der Thermodynamik:

$$\sum_i Q_i + \sum_j W_j = \Delta U = 0$$

Alle Wärmemengen lassen sich in zugeführte (von der Wärmequelle kommende) und abgeführte (an die Wärmesenke abgegebene) Wärmen unterteilen. Die Summe aller zu- oder abgeführten Arbeiten ist bei Wärmekraftprozessen die Nutzar-

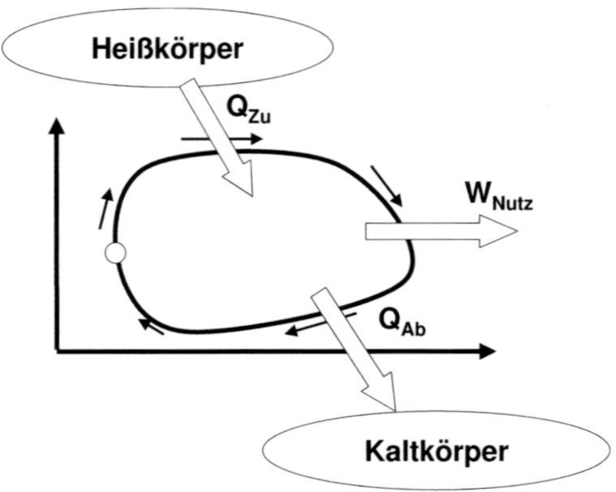

Abbildung 2.8 Wärmekraftprozess.

beit, bei Kältemaschinenprozessen die aufzuwendende Arbeit des Prozesses. Bei Wärmekraftprozessen gilt daher[2]:

$$Q_{\mathrm{zu}} - |Q_{\mathrm{ab}}| + W_{\mathrm{Nutz}} = 0$$

$$W_{\mathrm{Nutz}} = -(Q_{\mathrm{zu}} - |Q_{\mathrm{ab}}|) = |Q_{\mathrm{ab}}| - Q_{\mathrm{zu}} = -Q_{\mathrm{ab}} - Q_{\mathrm{zu}}$$

$$|W_{\mathrm{Nutz}}| = Q_{\mathrm{zu}} - |Q_{\mathrm{ab}}|$$

Bei Kältemaschinenprozessen gilt:

$$W_{\mathrm{Aufzuwenden}} = -(Q_{\mathrm{zu}} - |Q_{\mathrm{ab}}|)$$

$$W_{\mathrm{Aufzuwenden}} = |Q_{\mathrm{ab}}| - Q_{\mathrm{zu}} = -Q_{\mathrm{ab}} - Q_{\mathrm{zu}}$$

Die negative Summe aller zu- oder abgeführten Wärmemengen bei allen Zustandsänderungen ist daher entweder die Nutzarbeit des Kreisprozesses oder die aufzuwendende Arbeit.

Bei Wärmekraftprozessen ist die Nutzarbeit eines beliebigen Kreisprozesses gleich der Differenz der bei den einzelnen Teilschritten insgesamt zu- und abgeführten Wärmemengen.

Bei Kältemaschinenprozessen ist die aufzuwendende Arbeit gleich der Differenz der bei den einzelnen Teilschritten insgesamt ab- und zugeführten Wärmemengen.

Im Folgenden behandeln wir naturgemäß nur Wärmekraftprozesse.

---

[2]Eine abgeführte Wärme oder eine geleistet Arbeit ist gemäß der thermodynamischen Vorzeichenkonvention als negativer Wert in einer Summe einzusetzen. Zur besseren Verdeutlichung wird hier mit den Beträgen gerechnet.

Thermischer Wirkungsgrad

Die Güte eines Kreisprozesses lässt sich anhand des thermischen Wirkungsgrades beurteilen. Dieser ist definiert als Nutzen zu Aufwand. Nutzen ist die Nutzarbeit, Aufwand ist die Summe aller zugeführten Wärmemengen.

$$\eta_{\text{th}} = \frac{|W_{\text{Nutz}}|}{Q_{\text{zu}}}$$

Damit gilt auch:

$$\eta_{\text{th}} = \frac{Q_{\text{zu}} - |Q_{\text{ab}}|}{Q_{\text{zu}}} = 1 - \frac{|Q_{\text{ab}}|}{Q_{\text{zu}}}$$

Im Kraftwerksbereich wird die zugeführte Wärme häufig vereinfachend aus dem Heizwert (früher „unterer Heizwert") des Brennstoffes zuzüglich der fühlbaren Wärme des Brennstoffes (bei vorhandener Brennstoffvorwärmung) berechnet. Dies ist zwar nicht ganz exakt, in der praktischen Anwendung aber genau genug und ermöglicht zudem einen besseren Vergleich verschiedener Kraftwerke untereinander. Außerdem ist der laufende Aufwand eines Kraftwerks zur Stromerzeugung tatsächlich vor allem die einzukaufende Brennstoffmenge, so dass die resultierende Wirkungsgraddefinition auch kommerziell sinnvoll ist.

Die zuzuführende Wärmemenge ist daher näherungsweise

$$\dot{Q}_{\text{zu}} \approx \dot{m}_{\text{Br}}\left(H_u + h_{\text{Br}}\right) = \dot{m}_{\text{Br}}\left[H_u + c_{\text{p,Br}}\left(T_{\text{Br}} - T_{0,\text{Br}}\right)\right],$$

wobei $T_{0,\text{Br}}$ die Definitionstemperatur (Ermittlungstemperatur) des Heizwerts H_u ist (englisch LHV - Lower Heating Value). Der **Bruttowirkungsgrad** des Kreisprozesses entspricht dann dem thermischen Wirkungsgrad und wird aus der Wellenleistung (Gasturbine alleine oder für den Kombiprozess Gas- und Dampfturbinenwellenleistung zusammengenommen) und der Brennstoffwärme bestimmt.

$$\eta_{\text{th}} \approx \eta_{\text{Brutto}} = \frac{P_{\text{W}}}{\dot{m}_{\text{Br}}\left(H_u + h_{\text{Br}}\right)}$$

Als **Nettokraftwerkswirkungsgrad** bezeichnet man die ins Netz eingespeiste elektrische Leistung bezogen auf die Brennstoffwärmemenge. Von der Wellenleistung gehen dabei noch mechanische Verluste, Generatorverluste und vor allem der Kraftwerkseigenbedarf der Hilfssysteme ab (Pumpen, Verdichter, Motoren, Beleuchtung, etc.).

$$\eta_{\text{Netto}} = \frac{P_{\text{el}}}{\dot{m}_{\text{Br}}\left(H_u + h_{\text{Br}}\right)}$$

Angegebene Nettowirkungsgrade sind daher deutlich geringer als der tatsächliche thermische Wirkungsgrad eines Kreisprozesses.

Adiabat/reibungsbehaftete Zustandsänderungen

Die adiabat/isentrope Zustandsänderung ist eine idealisierte Zustandsänderung. In Wirklichkeit lässt sich weder die Wärmeübertragung vollständig unterdrücken, noch vermeiden, dass bei der Expansion oder Kompression Reibungsarbeit auftritt. In der Regel kann man aber wenigstens die Wärmeübertragung durch gute Isolation soweit reduzieren, dass ihre Störeffekte gegen die Reibungsarbeit vernachlässigbar sind. In guter Näherung lassen sich daher verlustbehaftete Expansionen und Kompressionen immer noch als Adiabate darstellen, wenn man die Reibungsarbeit berücksichtigt.

Die Berechnung erfolgt meist über den isentropen Wirkungsgrad. Eine adiabate Turbine (Abb. 2.9 a) oder ein adiabater Verdichter (Abb. 2.9 b) wird von einem Arbeitsmedium stationär durchströmt. Am Eintritt hat das Arbeitsmedium den Zustand T_1, h_1, am Austritt T_2, h_2. Die Änderungen der kinetischen und der potentiellen Energie seien jeweils vernachlässigbar. Welche Leistung P wird verrichtet?

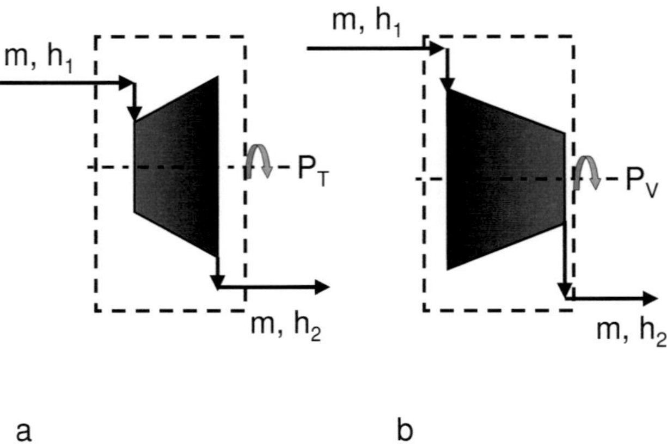

Abbildung 2.9 (a) Adiabate Turbine, (b) adiabater Verdichter.

Aus dem ersten Hauptsatz für ein stationäres, offenes System erhält man:

$$P = \dot{m}(h_2 - h_1)$$

Die spezifische technische Arbeit ist:

$$w_\mathrm{t} = \frac{P}{\dot{m}} = h_2 - h_1$$

Als technische Arbeit bezeichnet man die netto an die Welle abgegebene Nutzleistung. Wenn man die Änderung der kinetischen Energie der beiden Ströme vernachlässigt (dies ist durch entsprechende Durchmesserwahl der Rohrleitungen möglich), erhält man die spezifische technische Arbeit also als Differenz der Enthalpien der Ströme. Dies gilt für die idealisierte reibungsfreie Strömung ebenso wie für die reibungsbehaftete Strömung.

Die Leistung der adiabat/isentropen Expansion ist natürlich höher, da bei dieser keine Arbeit durch Reibung verloren geht. Daher sind Austrittsenthalpie $h_{2,s}$ und Austrittstemperatur $T_{2,s}$ des Arbeitsmediums in diesem Fall niedriger. Die Reibungsarbeit des realen Falles wird in innere Energie des Arbeitsmediums umgewandelt und (teilweise, s.u.) mit dem austretenden Strom aufgrund der höheren Enthalpie h_2 abgeführt. Der tatsächliche Arbeitsverlust durch Reibung $(h_2 - h_{2,s})$ ist aber bei der Expansion geringer als die Reibungsarbeit, weil ein geringer Teil der Reibungswärme wieder in Nutzarbeit umgewandelt werden kann.

Die notwendige Antriebsleistung bei der adiabat/isentropen Kompression ist hingegen geringer, da bei dieser Zustandsänderung ohne Reibung keine Arbeit zusätzlich zur eigentlichen Kompressionsarbeit des Gases aufgebracht werden muss. Daher sind Austrittsenthalpie $h_{2,s}$ und Austrittstemperatur $T_{2,s}$ des Arbeitsmediums in diesem Fall ebenfalls niedriger als im realen Fall. Die Reibungsarbeit des realen Falles wird auch hier in innere Energie des Arbeitsmediums umgewandelt und mit dem austretenden Strom aufgrund der höheren Enthalpie h_2 abgeführt. Dazu kommt noch der thermodynamische Erhitzungsverlust, das ist zusätzlich notwendige Volumenänderungsarbeit aufgrund der insgesamt höheren Temperatur während der Kompression. Der tatsächliche Arbeitsverlust durch Reibung $(h_2 - h_{2,s})$ ist daher bei der Kompression sogar höher als die Reibungsarbeit.

Betrachtung zur Entropie

Die adiabate und gleichzeitig reibungsfreie Strömung muss dann auch isentrop sein, was sich aus der Entropiedefinition selbst ergibt. Nach dem 2. Hauptsatz ist die Entropie als Zustandsgröße eines Systems definiert, deren Wert sich durch Wärmeübertragung von außen (über die Systemgrenze) je nach Wärmeflussrichtung positiv oder negativ verändert und aufgrund von Reibungsarbeit im Inneren des Systems immer nur vergrößert (positive Änderung). Die

Veränderung wird über das totale Differential beschrieben:

$$TdS = dQ + dW_\mathrm{R}$$

Bei einer adiabaten Zustandsänderung ist $dQ = 0$, bei einer reibungsfreien Zustandsänderung gilt zusätzlich auch $dW_\mathrm{R} = 0$. Diese idealisierte Zustandsänderung muss daher immer auch isentrop sein, denn $TdS = 0$, wobei die absolute thermodynamische Temperatur T immer größer als null ist. Daher gilt für ein solches System $S = const$, es ist **isentrop**.

Über den Inhalt des Systems braucht man interessanterweise gar nichts zu wissen, ebenso werden keinerlei Stoffwerte benötigt. Die Entropie S ist in erster Linie eine Systemeigenschaft und keine Materieeigenschaft, vergleichbar mit dem Volumen V eines Systems. Auch bei der Angabe des Systemvolumens muss man nichts über dessen Inhalt wissen. Zu einer Materieeigenschaft wird sie erst, wenn ein System auf einen bestimmten Stoff, z.B. das Arbeitsmedium beschränkt wird. Dann wird die Entropie zu einer Zustandsgröße der Materie und die spezifische Entropie ($s = S/m$) (Entropie bezogen auf die Masse) ist von den Stoffeigenschaften abhängig. Genauso ist das spezifische Volumen $v = V/m$ eines Stoffes als Kehrwert der Dichte dann eine Materieeigenschaft.

Wenn ein System insgesamt isentrop ist, kann sich auch die Entropie eines stationär durch das System strömenden Mediums mit den spezifischen Entropien s_1 bzw. s_2 am Ein- und Austritt nicht ändern:

$$dS = 0 = dm(s_2 - s_1)$$

Auch für die durchströmende Materie muss dann gelten, dass $s_1 = s_2$ ist, auch wenn sich die anderen Zustandsgrößen wie Druck und Temperatur geändert haben.

Wirkungsgrade einer adiabaten Zustandsänderung

Wirkungsgrade definieren nicht den Verlauf der Zustandsänderung, sondern nur den Endpunkt bei einem gegebenen Anfangspunkt und einem gegebenen Enddruck. Für adiabate Zustandsänderungen existieren zwei gängige Definitionen,

- der isentrope Wirkungsgrad und
- der polytrope Wirkungsgrad.

Die Definitionen führen zu unterschiedlichen Zahlenwerten, aber zu einem ähnlich großen Niveau der Werte, so dass bei der Angabe von Wirkungsgraden die zugehörige Definition mit angegeben werden muss. Ist dies nicht der Fall, ist unbedingt danach zu fragen, um Fehler zu vermeiden.

Wir verwenden hier bei Kompression und Expansion mit Arbeitsumsatz nach außen immer den isentropen Wirkungsgrad, lediglich bei einer Drosselung ist der polytrope Wirkungsgrad praktischer. Bei einer Drosselung wird meistens die Geschwindigkeit größer, so dass die Enthalpie etwas sinkt. Dieser Vorgang lässt sich mit polytropen Wirkungsgraden sehr einfach beschreiben.

Isentrope Wirkungsgrade

Der isentrope Wirkungsgrad wird über die technischen Arbeiten des realen und des idealen adiabaten Prozesses definiert. Für die adiabate Expansion und die Kompression gilt dabei:

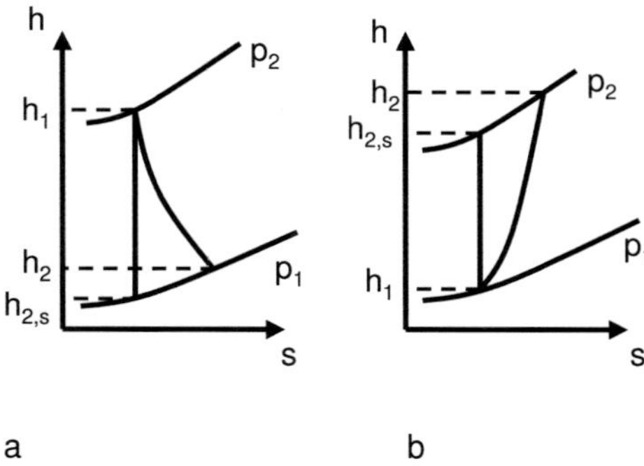

Abbildung 2.10 Zustandsänderungen: (a) Adiabate Expansion, (b) adiabate Kompression.

$$w_\mathrm{t} = h_2 - h_1$$

$$w_\mathrm{t,id} = h_{2,s} - h_1$$

Isentroper Turbinenwirkungsgrad Der isentrope Expansionswirkungsgrad oder isentrope Turbinenwirkungsgrad ist definiert als tatsächliche technische Arbeit zur maximal möglichen technischen Arbeit bei der Expansion vom gleichen Ausgangszustand 1 zum gleichen Enddruck p_2 (Abb. 2.10 a):

$$\eta_{s,T} = \frac{w_\mathrm{t}}{w_\mathrm{t,id}} = \frac{h_2 - h_1}{h_{2,s} - h_1}$$

Isentroper Verdichterwirkungsgrad Der isentrope Kompressionswirkungsgrad oder isentrope Verdichterwirkungsgrad ist definiert als minimal notwendige technische Arbeit zur tatsächlichen technischen Arbeit bei der Kompression vom gleichen Ausgangszustand 1 zum gleichen Enddruck p_2 (Abb. 2.10 b):

$$\eta_{s,V} = \frac{w_{t,id}}{w_t} = \frac{h_{2,s} - h_1}{h_2 - h_1}$$

Technische Verlustarbeit Die technische Verlustarbeit bei der Expansion und bei der Kompression ist definiert durch:

$$w_{t,V} = h_2 - h_{2,s}$$

Die technische Verlustarbeit ist aber nicht gleich der Reibungsarbeit, denn es gilt bei der Expansion

$$w_{t,V} < w_R$$

und bei der Kompression

$$w_{t,V} > w_R$$

Bei der Expansion und bei der Kompression führt die Reibung im Vergleich zur Isentropen zu einer höheren Temperatur während der gesamten Zustandsänderung. Bei der Expansion kann aus diesem höheren Temperaturniveau wenigstens ein Teil der Reibungswärme als Arbeit zurückgewonnen werden: Der Arbeitsverlust ist kleiner als die Reibung. Bei der Kompression muss dagegen wegen des höheren Temperaturniveaus sogar noch mehr Volumenänderungsarbeit geleistet werden, denn das spezifische Volumen steigt schneller an als ohne Reibung. Folglich ist der Arbeitsverlust sogar größer als die Reibung.

Polytroper Wirkungsgrad

Auch der polytrope Wirkungsgrad ist noch weit verbreitet. In Anlehnung an den isentropen Wirkungsgrad wäre ein anderer Name, nämlich „isenthalper Wirkungsgrad", allerdings wesentlich aussagekräftiger, denn anstelle der Nutzarbeiten bei einer adiabat Reibungsbehafteten im Vergleich zur Reibungsfreien (Isentropen) wird beim polytropen Wirkungsgrad die Entropieerzeugung der tatsächlichen Zustandsänderung mit der maximalen Entropieerzeugung bei einer adiabaten Drosselung auf den gleichen Druck verglichen (Abb. 2.11). Eine adiabate Drosselung ist wiederum eine isenthalpe Zustandsänderung, denn die Enthalpie bleibt dabei gleich. Für ideale Gase ist dann auch die Temperatur konstant, so dass man die Entropieänderung der Isenthalpen unmittelbar aus dem Druckverhältnis bestimmen kann (Abb. 2.11):

$$s_{2,h} - s_1 = c_p \ln\left(\frac{T_{2,h}}{T_1}\right) - R\ln\left(\frac{p_2}{p_1}\right) = R\ln\left(\frac{p_1}{p_2}\right)$$

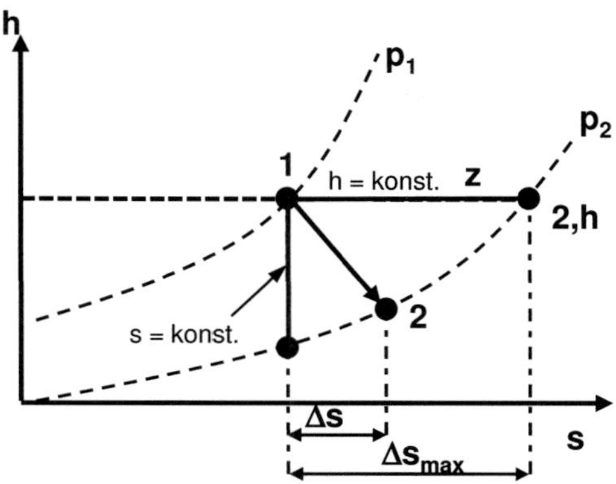

Abbildung 2.11 Polytroper Wirkungsgrad bei der Expansion.

Die Definition des polytropen Wirkungsgrades bei der Expansion ($p_2 < p_1$) ist somit durch folgende Formel gegeben:

$$\eta_{\text{Poly}} = 1 - \frac{s_2 - s_1}{s_{2,\text{h}} - s_1} = 1 - \frac{s_2 - s_1}{R \ln\left(\frac{p_1}{p_2}\right)}$$

Für die Kompression ($p_2 > p_1$) gilt:

$$\eta_{\text{Poly}} = 1 - \frac{s_2 - s_1}{s_{2,\text{h}} - s_1} = 1 - \frac{s_2 - s_1}{R \ln\left(\frac{p_2}{p_1}\right)}$$

Verlauf einer adiabaten Expansion

Die Definitionen der Wirkungsgrade geben keine Information über den Verlauf der Zustandsänderung, sondern nur den Endpunkt. Auf den ersten Blick scheint der tatsächliche Verlauf insbesondere bei der Expansion daher nicht wichtig zu sein. Das ist bei ungekühlten Turbinen (z.B. Dampfturbinen) auch tatsächlich so, bei gekühlten Turbinen hat der Verlauf der Expansionslinie einen Einfluss auf die benötigte Kühlluftmenge, was den Gesamtwirkungsgrad der Maschine ändert. Der Kühlluftverbrauch der Turbine sinkt grundsätzlich dann, wenn die Temperatur in den ersten Stufen möglichst schnell sinkt, tendentiell also auf den Stufenwirkungsgrad der ersten Turbinenstufen besonders geachtet wird. Die nächsten Stufen „sehen" dann beim gleichen Druck eine niedrigere Eintrittstemperatur und benötigen eine geringere Kühlluftmenge (Abb. 2.12).

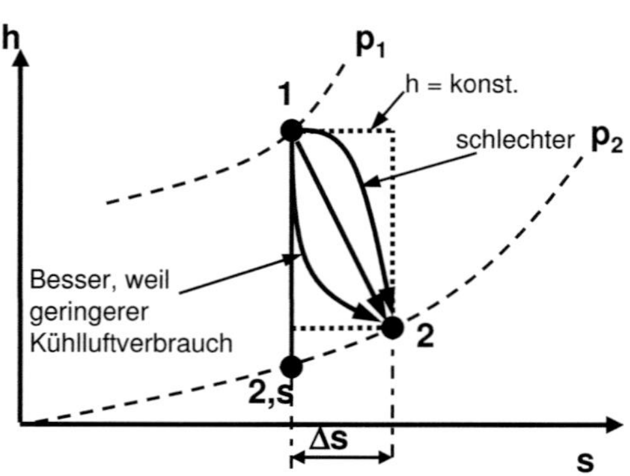

Abbildung 2.12   Mögliche Expansionslinien bei gleichem Wirkungsgrad
(gepunktete Linien: mögliches Fenster des Verlaufs)

In einem T-s-Diagramm (Abb. 2.13) der Expansionslinie ist die Fläche unter der
Kurve bei der adiabaten Expansion gleich der gesamten Reibungsarbeit, denn
nach dem 2. Hauptsatz der Thermodynamik ist:

$$TdS = dQ + dW_R = dW_R$$

$$\int TdS = W_R$$

Offensichtlich ist bei gleichem Wirkungsgrad dann diejenige Expansionslinie optimal, die insgesamt die geringste Reibungsarbeit aufweist und die somit bei gleicher
Entropieproduktion die geringste mittlere Temperatur T_mittel bei der Expansion
besitzt:

$$\int TdS = W_R = T_\text{mittel}\Delta S$$

In Abb. 2.13 ist das die untere mögliche Expansionslinie, weil deren mittlere
Temperatur ($T_\text{mittel,1}$) deutlich geringer ist als die der oberen Expansionslinie
($T_\text{mittel,2}$). Die im Betrieb notwendige Kühlluft wäre also geringer, was den Ge-
samtwirkungsgrad verbessert.

Turbineneintrittstemperatur

Zur Definition der Turbineneintrittstemperatur gibt es verschiedene und auch
nach internationalen Standards genormte Möglichkeiten. Alle haben ihre Exis-

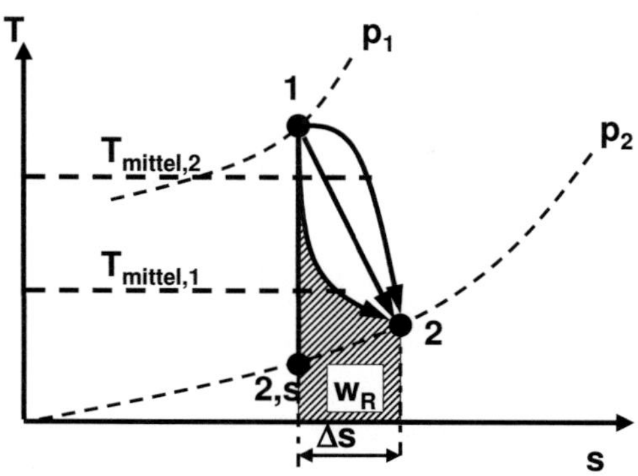

Abbildung 2.13 Reibungsarbeit bei der adiabaten Expansion

tenzberechtigung für unterschiedliche Anwendungszwecke und drücken etwas anderes aus (siehe auch [Lechner, Seume, 2010], Kap. 2). In der Reihenfolge absteigenden Temperaturniveaus sind das

- Brennkammeraustrittstemperatur (oder Heißgastemperatur, Englisch: combustor outlet temperature bzw. hot gas temperature HGT)
- Turbineneintrittstemperatur (TET bzw. Englisch: turbine inlet temperature TIT[3]) nach API 616/1992
- Rotoreintrittstemperatur (RIT) nach ANSI B 133.1/1978
- Turbineneintrittstemperatur (T_{mix} nach ISO 2314/1989 = Mischtemperatur)

Die Brennkammeraustrittstemperatur wird manchmal auch als Heißgastemperatur HGT bezeichnet und wird aus der Verbrennung selbst und dem Kühlluftverbrauch der Brennkammer bestimmt (Abb. 2.14).

Bei der TIT wird die Beschleunigung der Strömung und die Kühlluft des Eintrittssegments sowie die Leckageluft vor der ersten Leitreihe der Turbine berücksichtigt. Sie ist also niedriger (Abb. 2.14) als die HGT.

Bei der RIT (rotor inlet) wird die Kühlung der ersten Leitreihe beigemischt und berücksichtigt (Abb. 2.14). Grund ist, dass die Rotorbeschaufelung aufgrund der hohen Fliehkräfte viel stärker mechanisch belastet ist als die Statorbeschaufelung und deswegen kritisch bezüglich einer Temperaturüberschreitung ist. Die

---

[3]Bitte im Gespräch mit englischen Muttersprachlern nicht als Wort sprechen, sondern als Einzelbuchstaben Ti-Ei-Ti. Warum, brauche ich kaum zu sagen, oder?

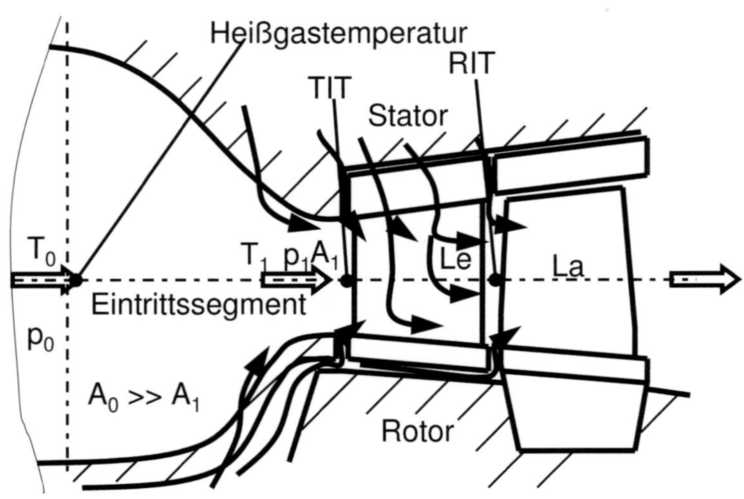

Abbildung 2.14 Definition der Eintrittstemperaturen (außer ISO-Misch)

Statorbeschaufelung brennt „nur" weg, was zwar auch nicht so toll ist, aber meistens wenigstens lokal begrenzt bleibt, die Rotorbeschaufelung fliegt einem unter Umständen um die Ohren und führt zu Folgeschäden auch im nachfolgenden Schaufelbereich. Daher ist die Begrenzung der RIT sehr wichtig.

Bei der ISO-Mischtemperatur wird rein thermodynamisch die gesamte Kühlluft der Turbine und des Eintrittssegments **vor** einer theoretischen und ungekühlt gerechneten Turbine mit dem Heißgas aus der Brennkammer vermischt. Diese virtuelle Temperatur ist also im Gegensatz zu den drei Definitionen zuvor keine echte Temperatur in der Maschine, sondern nur eine thermodynamische Vergleichstemperatur, die sowohl die Heißgastemperatur als auch den Kühlluftbedarf berücksichtigt. Sie lässt sich auch messtechnisch in Verbindung mit einer Energiebilanz sehr gut ermitteln, daher wird sie bei der Einstellung einer Maschine und beim Abnahmeversuch nach ISO2314 zwingend bestimmt, um ein eventuelles Überfeuern der Maschine auf Kosten der Lebensdauer zu verhindern.

Die Bilanz der Maschine wird dabei mit Hilfe der Kontinuitätsgleichung (Massenerhaltung) und des 1. Hauptsatzes (Energieerhaltung) wie folgt ermittelt:

Austrittsmassenstrom ($\dot{m}_{\text{exh}}$) = Kompressoransaugmassenstrom ($\dot{m}_{\text{inl}}$) + Brennstoffmassenstrom ($\dot{m}_{\text{fuel}}$):

$$\dot{m}_{\text{exh}} = \dot{m}_{\text{inl}} + \dot{m}_{\text{fuel}}$$

Austrittsmassenstrom = Brennkammeraustrittsmassenstrom ($\dot{m}_{1,\text{tur}}$) + Summe aller Turbinenkühlluftströme:

$$\dot{m}_{\text{exh}} = \dot{m}_{1,\text{tur}} + \sum_{i} \dot{m}_{\text{c},i}$$

Energiebilanz: Die Mischtemperatur wird aus der virtuellen Mischung des Heißgasstroms mit allen Kühlluftströmen bestimmt:

$$\dot{m}_{\text{exh}}c_{\text{p,mix}}T_{\text{mix}} = \dot{m}_{1,\text{tur}}c_{\text{p,1,tur}}T_{\text{HG}} + \sum_{i} \dot{m}_{\text{c},i}c_{\text{p,c},i}T_{\text{c},i}$$

Die technische Arbeit der ungekühlten Vergleichsturbine muss dann gleich der technischen Arbeit der tatsächlichen Turbine sein:

$$w_{\text{t}} = h_{\text{mix}} - h_{\text{exh}} = c_p\Big|_{T_{\text{exh}}}^{T_{\text{mix}}} (T_{\text{mix}} - T_{\text{exh}})$$

Während der Abnahmemessung wird die technische Arbeit dann aus der Gesamtleistung der Maschine (Wellenleistung) abzüglich der aus der Enthalpiebilanz am Kompressor ermittelten Kompressionsleistung bestimmt. Die Mischtemperatur ist folglich eine bilanzierte Temperatur und prinzipiell nicht direkt messbar.

Die Mischtemperatur ermöglicht außerdem ein einfaches Turbinenmodell in Form einer ungekühlten Vergleichsturbine mit der Mischtemperatur als Brennkammeraustrittstemperatur. Diese Vergleichsturbine hat dann allerdings komplexere Betriebscharakteristiken, die den unterschiedlichen Kühlluftverbrauch und Wirkungsgrad bei Teillast und im off-design-Betriebsfall geeignet berücksichtigen müssen.

Arbeitsmedium

Das Arbeitsmedium der Gasturbine ist im Bereich des Kompressors die angesaugte Umgebungsluft, deren Zustand und Zusammensetzung von den Umgebungsbedingungen (Luftdruck. und Lufttemperatur) abhängig ist. Insbesondere der Gehalt an gasförmigem Wasser (Wasserdampf) kann starken Schwankungen unterworfen sein, während die anderen Bestandteile weitgehend konstant sind. Aufgrund des Wassergehalts kann die Gaskonstante allerdings von etwa 287 J/kgK bis zu 290 J/kgK variieren.

Im Bereich der Brennkammer und der Turbine ist die Zusammensetzung des Arbeitsmediums noch stärkeren Schwankungen unterworfen. Durch die Verbrennung mit den meist fossilen Brennstoffen kommen erhebliche Anteile an Kohlendioxid und weiterer Wasserdampf dazu, der Sauerstoffgehalt wird dagegen stark verringert, je nach Luftverhältnis der Verbrennung. Durch die Kühlluftbeimischung wird dann wieder Frischluft zugemischt und die Zusammensetzung ändert sich an jeder Stelle der Turbine ständig. Das Stoffwertberechnungsprogramm muss diese Änderungen grundsätzlich nachvollziehen, denn die Stoffwerte ändern sich teilweise dadurch erheblich.

Bei vergleichsweise hohen Temperaturen bei im Vergleich zum kritischen Druck niedrigen Drücken kann für die bei Verbrennungsvorgängen mit Luft auftretenden Gase und Gasgemische aber praktisch immer **ideales Gasverhalten** vorausgesetzt werden, d.h.

$$\frac{pv}{T} = \frac{p}{\rho T} = R = \frac{\bar{R}}{M},$$

wobei M die Molmasse des Gasgemischs und $\bar{R}$ die universelle Gaskonstante ist. Diese Annahme verbessert sich sogar noch, weil alle Gase nicht Reinstoffe sind, sondern als Gemisch mehrerer idealer Gase auftreten. Das ideale Gasverhalten des einzelnen Bestandteils wird dabei nicht durch den Absolutdruck des Gemisches bestimmt, sondern durch den Partialdruck des einzelnen Bestandteils. Für Luft und die Verbrennungsprodukte ist der Hauptbestandteil der Stickstoff, so dass dessen Eigenschaften dominieren. Solange der Stickstoff ein ideales Gasverhalten zeigt, kann auch für das Gemisch in sehr guter Näherung ideales Gasverhalten angenommen werden. Merkliche Abweichungen findet man beim Stickstoff erst bei Temperaturen unter $-10°C$ bei einem Druck von 1 bar. In der Regel sind also schlimmstenfalls die ersten Stufen eines Kompressors im Winter betroffen.

Aufgrund des idealen Gasverhaltens sind innere Energie $e_i - e_{i,0} = c_v(T)(T - T_0)$ und Enthalpie $h = e_i + pv = c_p(T)(T - T_0)$ nicht vom Druck abhängig, sondern ausschließlich von der Temperatur T. Die Wärmekapazitäten c_p und c_v sind aber ebenfalls temperaturabhängige Größen und nicht konstant, sodass Enthalpie und innere Energie nichtlinear von der Temperatur abhängen, siehe Abb. 2.15. Der Wert einer Enthalpiedifferenz hängt also nicht nur von der Temperaturdifferenz $(T_2 - T_1)$ ab, sondern auch von vom Temperaturniveau (z.B. $(T_1 + T_2)/2$).

Für die meisten technischen Gase, insbesondere N_2, O_2, CO_2, H_2O und Ar sind die Wärmekapazitäten in den wichtigsten Temperaturbereichen als integrale Mittelwerte $c_p\big|_{T_0}^{T}$ ausgehend von einem definierten Nullpunkt T_0 tabelliert. Daraus kann man sich dann den integralen Mittelwert für den gerade betrachteten Tem-

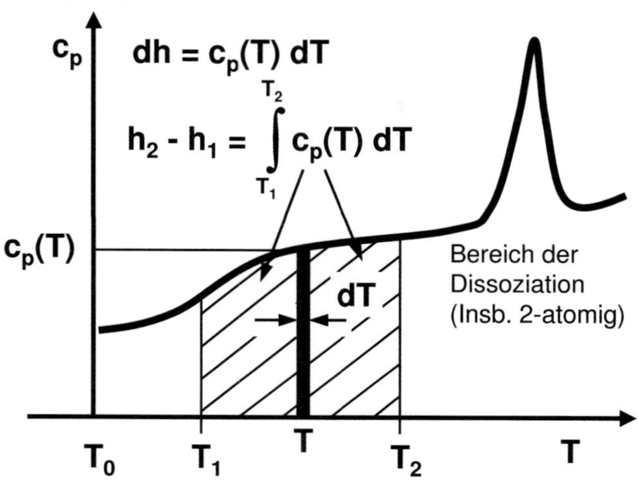

Abbildung 2.15 Wärmekapazität bei konstantem Druck , Quelle: Autor

peraturbereich mit folgender Formel berechnen:

$$c_p\big|_{T_1}^{T_2} = \frac{c_p\big|_{T_0}^{T_2}(T_2 - T_0) - c_p\big|_{T_0}^{T_1}(T_1 - T_0)}{T_2 - T_1}$$

Hierbei wird ausgenutzt, dass die gesuchten Enthalpiedifferenzen als Fläche unter der $c_p(T)$-Kurve dargestellt werden können, Abb. 2.16. Mit Hilfe der so gebildeten integralen Mittelwerte der Wärmekapazitäten ist im Ergebnis die Enthalpiedifferenz sogar exakt:

$$h_2 - h_1 = c_p\big|_{T_1}^{T_2} (T_2 - T_1)$$

Gleichwertig hierzu ist die Darstellung der temperaturabhängigen Wärmekapazität eines Gases als Näherungsfunktion, beispielsweise als Polynom n-ten Grades in T. Enthalpiedifferenzen lassen sich aus diesem Polynom dann durch einfache Integration berechnen:

$$c_p(T) = \sum_{i=0}^{n} a_i T^i$$

$$h_2 - h_1 = \int_{T_1}^{T_2} c_p(T)dT = \left[\sum_{i=0}^{n} \frac{a_i}{i+1} T^{i+1}\right]_{T_1}^{T_2} = \sum_{i=0}^{n} \frac{a_i}{i+1}\left(T_2^{i+1} - T_1^{i+1}\right)$$

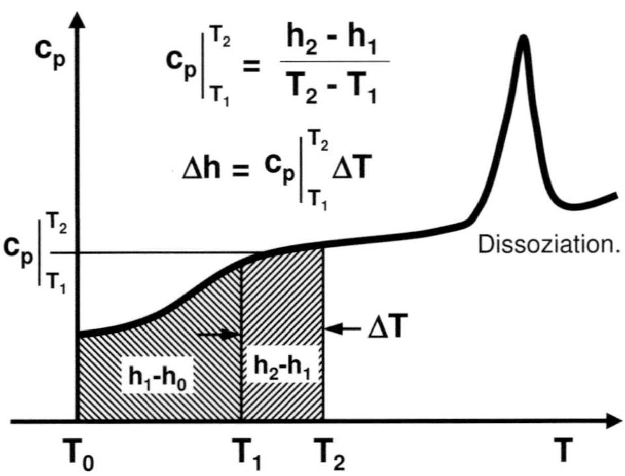

Abbildung 2.16 Integrale Mittelwerte der Wärmekapazität bei konstantem Druck , Quelle: Autor

Unter der Annahme eines idealen Gases, d.h. die Gaskonstante R ist für alle betrachteten Gase eine echte Konstante, gilt $pv = RT$ bzw. $p = \rho RT$. Damit lassen sich dann auch innere Energie und die Wärmekapazität bei konstantem Volumen ermitteln:

$$c_v\Big|_{T_0}^{T} = c_p\Big|_{T_0}^{T} - R$$

Die Temperaturabhängigkeit gilt außerdem auch für den **Isentropenexponenten** κ, denn es gilt:

$$\kappa = \frac{c_p(T)}{c_v(T)}$$

Vorsicht ist daher bei der Verwendung der Isentropengleichung

$$\frac{T_{2,s}}{T_1} = \left(\frac{p_2}{p_1}\right)^{\frac{\kappa - 1}{\kappa}}$$

geboten, weil sie die Lösung der Differentialgleichung einer isentropen Zustandsänderung eines Gases ist, bei der die Konstanz von $\kappa/(\kappa - 1)$ vorausgesetzt wird, was im relevanten Temperaturbereich definitiv **nicht** gegeben ist (Abb. 2.17):

$$\frac{dT}{T} = \frac{\kappa - 1}{\kappa} \frac{dp}{p}$$

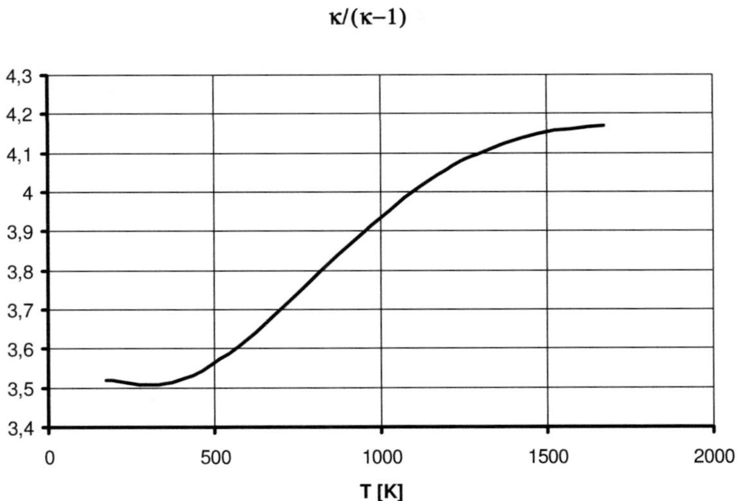

Abbildung 2.17 $\kappa/(\kappa - 1)$ für reinen Stickstoff N_2, Quelle: Autor

Auch bei der Lösung dieser Differentialgleichung (DGL) muss die Temperaturabhängigkeit der Wärmekapazität c_p berücksichtigt werden, wobei auf Konsitenz mit der Formulierung der Näherungsfunktion für $c_p(T)$ geachtet werden muss. Der in der DGL auftretende Term

$$\frac{\kappa - 1}{\kappa} = \frac{R}{c_p(T)}$$

muss vor der Lösung konsistent zum verwendeten Berechnungsverfahren für Enthalpiedifferenzen aus der Wärmekapazität beschrieben werden. Wenn die Wärmekapazität und die Gaskonstante bei nicht idealem Gasverhalten auch vom Druck abhängt, ist meistens eine einfache Lösung der DGL nicht mehr möglich.

Andere Stoffwerte

Die **kinematische Viskosität** ν, die in der **Reynoldszahl**

$$Re = \frac{uL}{\nu}$$

benötigt wird, ist ebenfalls stark temperatur- und druckabhängig, weil mindestens die Dichte ρ von diesen Zustandsgrößen abhängt:

$$\nu = \frac{\eta}{\rho} = \eta \frac{RT}{p}$$

Auch die dynamische Viskosität η selbst ist dabei temperatur- und druckabhängig, wobei bei Gasen die Viskosität mit steigender Temperatur größer wird (im Gegensatz zu den meisten tropfbaren Fluiden, wo sie mit der Temperatur sinkt). Auch hier müssen Näherungsfunktionen im Stoffwertmodell gefunden werden.

In der **Machzahl**

$$M = \frac{u}{a}$$

tritt weiterhin die **Schallgeschwindigkeit** a des Gases bzw. Gasgemischs auf. Die Schallgeschwindigkeit ist zwar eine thermodynamische Zustandsgröße, zu ihrer Ermittlung benötigen wir aber nur die ohnehin erforderlichen Modelle des Isentropenexponenten κ und der Gaskonstanten R des Gases oder Gasgemischs.

$$a = \sqrt{\kappa RT}$$

3   Spezielle Kreisprozesse

Carnot-Prozess

Einen Kreisprozess aus zwei adiabat/isentropen und zwei isothermen Zustandsänderungen nennt man Carnot-Prozess (Abb. 3.1). Er hat die Besonderheit, dass er insgesamt reversibel sein kann, wenn auch die Wärmeübertragung bei den beiden Isothermen reversibel ist, wenn also der wärmeabgebende Körper (Heißkörper) und der wärmeaufnehmende Körper (Kaltkörper) die gleiche Temperatur haben wie das Arbeitsmedium bei der jeweiligen Zustandsänderung.

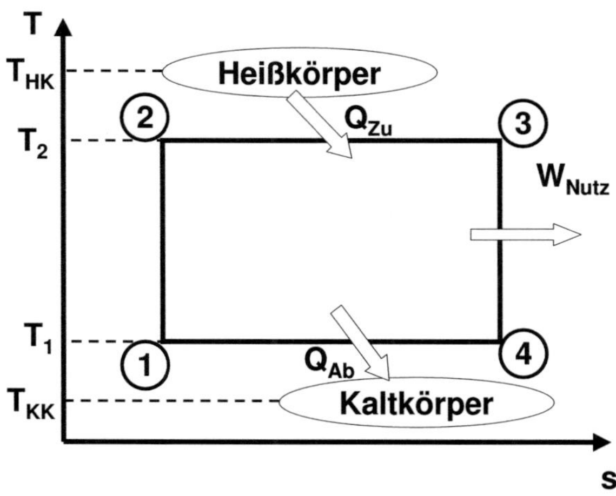

Abbildung 3.1   Carnotprozess.

Im Allgemeinen gilt

$$T_{KK} < T_1 < T_2 < T_{HK}$$

Ein solcher Prozess wäre noch nicht reversibel. Erst wenn

$$T_{KK} = T_1 < T_2 = T_{HK}$$

gilt, ist der Prozess vollständig reversibel, wenn er überall gleizeitig auch reibungsfrei ist.

Der thermische Wirkungsgrad des Carnot-Prozesses ist:

$$\eta_{\text{th,C}} = 1 - \frac{|Q_{\text{ab}}|}{|Q_{\text{zu}}|} = 1 - \frac{T_1 \Delta s}{T_2 \Delta s}$$

$$\eta_{\text{th,C}} = 1 - \frac{T_1}{T_2}$$

Für den reversiblen Carnotprozess gilt:

$$\eta_{\text{th,C,rev}} = 1 - \frac{T_{\text{KK}}}{T_{\text{HK}}}$$

Die Temperaturen hängen nun über die isentrope Expansion und Kompression zusammen[4]:

$$\frac{T_2}{T_1} = \left(\frac{p_2}{p_1}\right)^{\frac{\kappa-1}{\kappa}}$$

$$\frac{T_3}{T_4} = \frac{T_2}{T_1} = \left(\frac{p_3}{p_4}\right)^{\frac{\kappa-1}{\kappa}} = \left(\frac{p_2}{p_1}\right)^{\frac{\kappa-1}{\kappa}}$$

Mit dem Druckverhältnis π der Kompression

$$\pi = \frac{p_2}{p_1}$$

erhält man:

$$\eta_{\text{th,C}} = 1 - \frac{T_1}{T_2} = 1 - \frac{1}{\pi^{\frac{\kappa-1}{\kappa}}}$$

Der reversible Carnotprozess liefert von allen möglichen Kreisprozessen zwischen zwei Wärmereservoirs gegebener Temperatur die höchste Nutzarbeit und hat den höchstmöglichen Wirkungsgrad.

Je größer das Druckverhältnis π der Kompression, desto größer der thermische Wirkungsgrad des idealen Carnotprozesses.

Beispiel: Reversibler und irreversibler Carnot-Prozess im Vergleich

Ein irreversibler Carnotprozess hat folgende Eckdaten: Heißkörpertemperatur $T_{\text{HK}} = 600$ K, Kaltkörpertemperatur $T_{\text{HK}} = 300$ K. Die minimale Temperaturdifferenz bei der Wärmeübertragung sei jeweils 10 K.

■ Wie groß ist der thermische Wirkungsgrad?

---

[4]Es wird in diesem Kapitel vereinfachend ein annähernd konstanter Isentropenexponent κ angenommen.

- Wie groß ist der thermische Wirkungsgrad des zugehörigen reversiblen Prozesses?

Lösung:

Wie groß ist der thermische Wirkungsgrad?

$$\eta_{\mathrm{th,C}} = 1 - \frac{T_1}{T_2} = 1 - \frac{T_{\mathrm{KK}} + 10K}{T_{\mathrm{HK}} - 10K} = 47,46\%$$

Wie groß ist der thermische Wirkungsgrad des zugehörigen reversiblen Prozesses?

$$\eta_{\mathrm{th,C}} = 1 - \frac{T_1}{T_2} = 1 - \frac{T_{\mathrm{KK}}}{T_{\mathrm{HK}}} = 50,0\%$$

Durch die nicht reversible Wärmeübertragung verliert man daher bereits 2,5 %-Punkte an Wirkungsgrad.

Offener Jouleprozess

indexJouleprozess

Der (teil-)ideale Jouleprozess besteht aus zwei adiabat isentropen und zwei isobaren Zustandsänderungen (Abb. 3.2). Die beiden isobaren Zustandsänderungen 2 - 3 und 4 - 1 dienen der Wärmezu- und Wärmeabfuhr. Nachdem in Gasturbinen die Verbrennungsvorgänge im Allgemeinen fast isobar ablaufen, ist der Jouleprozess der passende Vergleichsprozess. Auch die Abkühlung ist isobar, denn das heiße Abgas 4 wird ausgestoßen und vermischt sich isobar mit der Umgebung, wobei es seine Energie an die Umgebung abgibt und wieder den Zustand 1 erreicht. Dieser Kreisprozess wird also erst durch die Umgebung selbst zum geschlossenen Kreislauf.

Den Prozess mit adiabat isentropen Zustandsänderungen und isobaren Zustandsänderungen nennt man teilideal, weil nur die Reibungsarbeit vernachlässigt wird, nicht aber die Entropieerzeugung durch die nicht konstante Temperatur bei den Wärmeübertragungen. Der Heißkörper muss mindestens die Temperatur T_3 besitzen, d.h. die Erwärmung erfolgt über weite Bereiche mit einer endlichen Temperaturdifferenz. Der teilideale Joule-Prozess hat daher auch einen schlechteren Wirkungsgrad als der Carnotprozess, der bestmögliche Prozess zwischen den Temperaturen T_3 und T_1.

Die zu- und abgeführten Wärmemengen des Jouleprozesses sind:

$$\dot{Q}_{\mathrm{zu}} = |\dot{Q}_{\mathrm{zu}}| = \dot{m}c_p(T_3 - T_2)$$

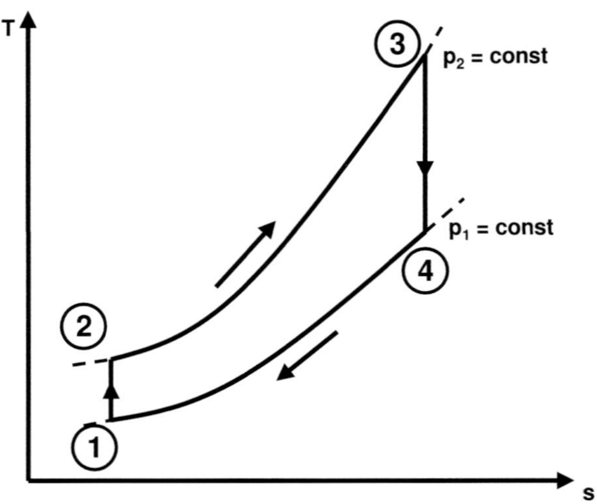

Abbildung 3.2 Jouleprozess.

$$\dot{Q}_{\mathrm{ab}} = \dot{m}c_p(T_1 - T_4)$$

$$|\dot{Q}_{\mathrm{ab}}| = \dot{m}c_p(T_4 - T_1)$$

Der thermische Wirkungsgrad des teilidealen Jouleprozesses für konstante Wärmekapazität c_p ist:

$$\eta_{\mathrm{th,J}} = 1 - \frac{|\dot{Q}_{\mathrm{ab}}|}{\dot{Q}_{\mathrm{zu}}} = 1 - \frac{T_4 - T_1}{T_3 - T_2}$$

Die Temperaturen hängen wieder über die isentrope Expansion und Kompression voneinander ab:

$$\frac{T_2}{T_1} = \left(\frac{p_2}{p_1}\right)^{\frac{\kappa-1}{\kappa}}$$

$$\frac{T_3}{T_4} = \left(\frac{p_3}{p_4}\right)^{\frac{\kappa-1}{\kappa}} = \left(\frac{p_2}{p_1}\right)^{\frac{\kappa-1}{\kappa}}$$

Mit dem Druckverhältnis π der Kompression

$$\pi = \frac{p_2}{p_1}$$

erhält man:

$$\eta_{\text{th,J}} = 1 - \frac{T_4 - T_1}{(T_4 - T_1)\pi^{\frac{\kappa-1}{\kappa}}} = 1 - \frac{1}{\pi^{\frac{\kappa-1}{\kappa}}} = 1 - \frac{T_1}{T_2}$$

Der Wirkungsgrad hängt also genau wie beim Carnotprozess vom Druck- bzw. Temperaturverhältnis der Kompression ab. Dieses ist allerdings beim Carnotprozess viel größer, weil direkt auf die Temperatur T_3 komprimiert wird und nicht wie beim Jouleprozess auf T_2 mit anschließender isobarer Erwärmung auf T_3.

Je größer das Druckverhältnis π der Kompression, desto größer der thermische Wirkungsgrad des teilidealen Jouleprozesses.

Für einen reibungsbehafteten Jouleprozess gilt diese Aussage allerdings nicht mehr uneingeschränkt, weil in Abhängigkeit vom Temperaturverhältnis T_3/T_1 ein optimales Druckverhältnis mit maximalem Wirkungsgrad existiert. Erhöht man das Druckverhältnis darüber hinaus, sinkt der thermische Wirkungsgrad wieder. Das optimale Druckverhältnis liegt umso höher je größer T_3/T_1 wird und auch der erreichbare Wirkungsgrad wird dann größer. Das erklärt den Wettlauf um immer höhere Turbineneintrittstemperaturen (heute um die 1700 - 1800 K), um beste Resultate zu erzielen.

Regenerativer Jouleprozess

Beim regenerativen Jouleprozess (Abb. 3.3) wird die noch recht hohe Abgastemperatur im Prozess selbst genutzt, um das komprimierte Gas vorzuwärmen. Dadurch wird von außen zuzuführende Wärme eingespart und der Wirkungsgrad des Prozesses erhöht. Die technische Umsetzung ist allerdings teuer, da ein hochbelasteter Wärmetauscher mit hoher Druckdifferenz benötigt wird.

Das Abgas aus der Turbine mit der Temperatur $T_4 > T_2$ wird in einen Gegenstromwärmetauscher gebracht und dort isobar auf eine Temperatur T_5 abgekühlt, die im Idealfall gleich T_2 ist (Abb. 3.3). Es gibt dabei maximal die Wärme q_{45} ab, mit:

$$q_{45} = h_5 - h_4 = c_p(T_5 - T_4) \le c_p(T_2 - T_4)$$

Auf der anderen Seite des Gegenstromwärmetauschers strömt das komprimierte Arbeitsmedium aus dem Kompressor mit der Temperatur T_2 und wird durch das Abgas erwärmt:

$$q_{22*} = -q_{45} = c_p(T_4 - T_5) \le c_p(T_4 - T_2)$$

Die Temperatur T_{2*} ist also im besten Fall gleich T_4, in der Regel aber niedriger. Trotzdem muss jetzt weniger Wärme zwischen 2* und 3 von außen zugeführt

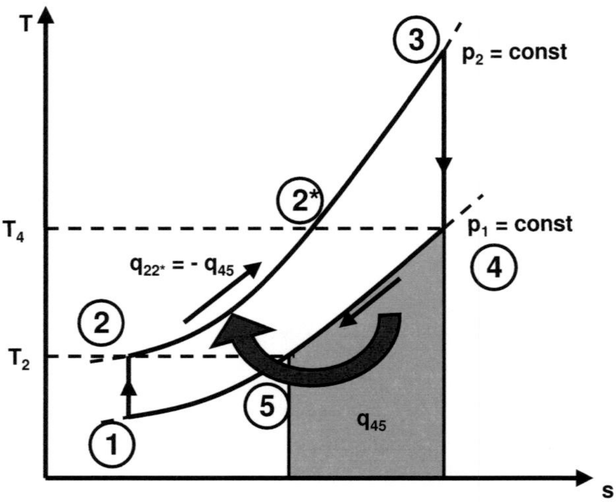

Abbildung 3.3 Regenerativer Jouleprozess.

werden. Im Idealfall verbessert sich dadurch der Prozesswirkungsgrad gegenüber dem Jouleprozess:

$$\dot{Q}_{\text{zu}} = |\dot{Q}_{\text{zu}}| = \dot{m}c_p(T_3 - T_{2*}) = \dot{m}c_p(T_3 - T_4)$$

$$\dot{Q}_{\text{ab}} = \dot{m}c_p(T_1 - T_5) = \dot{m}c_p(T_1 - T_2)$$

$$|\dot{Q}_{\text{ab}}| = \dot{m}c_p(T_2 - T_1)$$

Der thermische Wirkungsgrad des teilidealen regenerativen Jouleprozesses für konstante Wärmekapazität c_p ist:

$$\eta_{\text{th,RJ}} = 1 - \frac{|\dot{Q}_{\text{ab}}|}{\dot{Q}_{\text{zu}}} = 1 - \frac{T_2 - T_1}{T_3 - T_4}$$

Auch hier sind die Temperaturen über die Isentropen verbunden:

$$\frac{T_2}{T_1} = \pi^{\frac{\kappa-1}{\kappa}}$$

$$\frac{T_3}{T_4} = \pi^{\frac{\kappa-1}{\kappa}}$$

$$\eta_{\mathrm{th,RJ}} = 1 - \frac{T_1\left(\pi^{\frac{\kappa-1}{\kappa}} - 1\right)}{T_4\left(\pi^{\frac{\kappa-1}{\kappa}} - 1\right)} = 1 - \frac{T_1}{T_4}$$

Vergleicht man dies mit dem einfachen Jouleprozess

$$\eta_{\mathrm{th,J}} = 1 - \frac{1}{\pi^{\frac{\kappa-1}{\kappa}}} = 1 - \frac{T_1}{T_2}$$

erkennt man, dass die Verbesserung des regenerativen Prozesses umso größer ist, je größer die Temperaturdifferenz $T_4 - T_2$ ist. Umgekehrt wird die Verbesserung immer kleiner, je näher T_4 und T_2 beieinander liegen und verschwindet völlig, wenn $T_2 \geq T_4$ wird. Genau diese Situation liegt bei heutigen Maschinen allerdings sehr häufig vor, denn die Bedingung $T_2 > T_4$ ist bei modernen Gasturbinen mit hohem Druckverhältnis und hohen Turbineneintrittstemperaturen praktisch immer gegeben (Abb. 3.4). Während der regenerative Prozess 1-2-2*-3-4-5 in Abbildung 3.4 noch signifikante Einsparung an Wärme bringt, ist beim Prozess 1-2'-3'-4' bei gleicher Eintrittstemperatur ($T_3 = T_{3'}$) und höherem Druckverhältnis $p_{2'}/p_1$ bereits $T_{2'} > T_{4'}$, daher kann keine Rückgewinnung der Abgasenergie im Prozess selbst erfolgen.

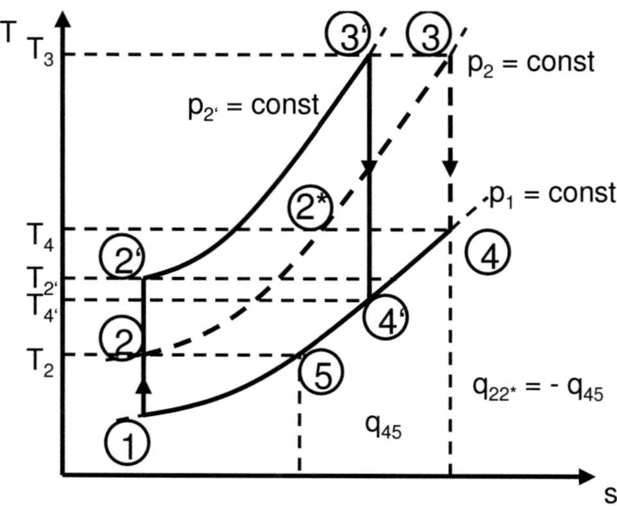

Abbildung 3.4   Ein regenerativer Jouleprozess lohnt sich nur bei verhältnismäßig kleinen Druckverältnissen.

Die immer noch recht hohe Abgastemperatur moderner Gasturbinen wird heute in Kraftwerksprozessen daher in sogenannten Kombianlagen (in Deutschland auch GuD = Gas und Dampf genannt) genutzt, indem mit dem Abgas der Gasturbine von $T_4 \approx 550$ - $600°C$ Dampf erzeugt wird, der dann in einer eigenen Dampfturbinenanlage ohne weitere Zufeuerung verstromt wird. Die regenerative Nutzung der Abgasenergie erfolgt also in einem zweiten Prozess, nicht mehr im Jouleprozess selbst. Dazu sind Kombianlagen erheblich effizienter als regenerative Gasturbinenprozesse, weil hier die thermodynamischen Vorteile eines optimierten Gasturbinenprozesses mit den Vorteilen der Dampfkraftprozesse verbunden werden: Die elektrischen Wirkungsgrade (d.h. Netz-Stromeinspeisung zu Brennstoffmenge mal Heizwert) liegen heute bei über 60%.

Ein regenerativer Prozess lohnt sich nur bei kleinen Verbrennungstemperaturen und kleinen Druckverhältnissen. Diese Bedingungen findet man heute fast ausschließlich in Mikrogasturbinen kleiner Leistung, wenn $P < 200 - 300\ kW$ ist.

Siehe auch [Lechner, Seume, 2010]: Stationäre Gasturbinen, Kap. 2 (Autor: J. Braun).

Joule-Reheatprozess

Der Vergleich des Prozesses mit niedrigem Druckverhältnis mit einem Prozess mit höherem Druckverhältnis in Abbildung 3.4 suggeriert den Verlauf des sogenannten Joule-Reheatprozesses oder kurz Reheatprozess (Abb. 3.5), einer weiteren Prozessmodifikation.

Nach Kompression auf ein hohes Druckverhältnis p_2/p_1 wird das Gas in einer ersten Brennkammer auf T_3 erwärmt. In einer nachfolgenden ersten Turbine wird das Gas auf einen Druck p_4 expandiert, der deutlich über dem Umgebungsdruck liegt. Das dann noch sehr heiße Abgas (um $1000°C$) der ersten Turbine wird in einer zweiten Brennkammer erneut auf $T_5 \approx T_3$ erwärmt und in einer zweiten Turbine auf Umgebungsdruck p_1 expandiert.

Der unmittelbare Vorteil dieser Prozessführung ist sofort erkennbar, wenn man die Erläuterungen zum regenerativen Jouleprozess noch einmal betrachtet. Der Joule-Reheatprozess vereinigt die Vorteile des hohen Gesamtdruckverhältnisses bei der Kompression mit den Vorteilen des niedrigeren Druckverhältnisses in der zweiten Stufe der Expansion. Die Abgastemperatur T_6 ist offensichtlich höher als wenn man vom Druck p_2 und der Temperatur T_3 aus direkt auf Umgebungsdruck expandiert ($T_{4'}$ in Abb. 3.4). Damit ist das Dampferzeugungspotential im nachgeschalteten Dampfkraftprozess deutlich höher, was den Gesamtwirkungsgrad einer solchen Kombianlage nochmal verbessert.

Dazu kommt, dass das Arbeitsmedium in den beiden Turbinen *zweimal* die En-

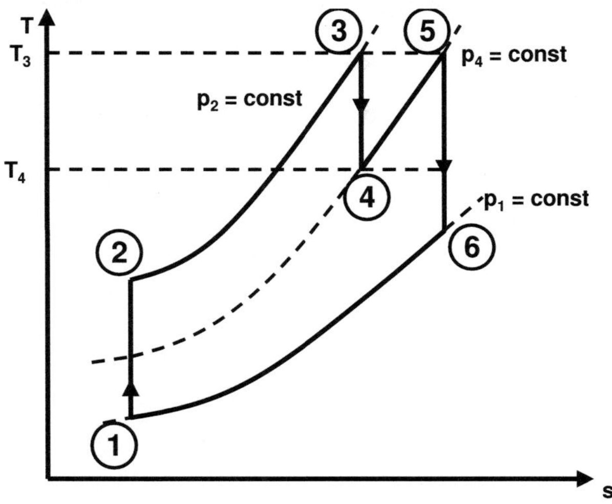

Abbildung 3.5 Joule-Reheatprozess.

thalpiedifferenz zwischen h_3 und h_4 durchläuft, da es in der zweiten Brennkammer wieder auf T_3 erhitzt wird. Dies kompensiert die zusätzliche Brennstoffwärme zwischen 4 und 5 völlig, so dass die thermischen Wirkungsgrade des Reheatprozesses und des Jouleprozesses mit den gleichen Parametern p_2/p_1 und T_3 fast gleich sind. Wegen der höheren Abgastemperatur T_6 ist aber der Kombiprozess der Reheat-Gasturbine bei sonst gleichen Prozesseckdaten (insbesondere Turbineneintrittstemperatur) besser.

Derzeit gibt es zwei Gasturbinen dieser Bauart, die GT24 (60 Hz) und die GT26 (50 Hz) von Alstom, die im Kombibetrieb einen elektrischen Wirkungsgrad von über 60% erzielen können. Dazu kommen erhebliche Vorteile bei den Schadstoffemissionen, deren Erläuterung hier aber zu weit führen würde.

Kombiprozess, GuD-Prozess

Kombiprozesse sind, wie oben bereits gesagt wurde, meistens zwei hintereinandergeschaltete Prozesse, die sich aufgrund ihrer thermodynamischen Daten möglichst gut ergänzen (Abb. 3.6). Für diesen Zweck optimierte Gasturbinen haben einen thermischen Wirkungsgrad von über 40%, wobei die Abgastemperatur um 600°C beträgt, was wiederum eine typische Frischdampftemperatur heutiger Dampfkraftprozesse ist. Aus der Abwärme der Gasturbine, immerhin noch 60% der über

Abbildung 3.6   GuD-Kraftwerk in Irsching mit über 60% Nettowirkungs-grad.

den Brennstoff (überwiegend Erdgas) eingesetzten Wärme, wird in einem Abhit-zekessel HRSG (heat recovery steam generator) Dampf erzeugt, so dass in einem optimierten Dampfkraftprozess, der für sich gerechnet etwa einen thermischen Wirkungsgrad von ebenfalls knapp 40% besitzt, mit Hilfe von Dampfturbinen zusätzlich zur Gasturbine Strom erzeugt werden kann. Es ergibt sich also ein thermischer Gesamtwirkungsgrad von:

$$\eta_{\mathrm{th,GuD}} = \frac{P_{\mathrm{ges}}}{\dot{Q}_{\mathrm{zu}}} = \frac{P_{\mathrm{GT}} + P_{\mathrm{DT}}}{\dot{m}H_u} = \eta_{\mathrm{th,GT}} + \frac{P_{\mathrm{DT}}}{\dot{m}H_u}$$

$$\eta_{\mathrm{th,GuD}} = \eta_{\mathrm{th,GT}} + \frac{P_{\mathrm{DT}}}{\dot{m}H_u}\frac{\dot{Q}_{\mathrm{ab,GT}}}{\dot{Q}_{\mathrm{ab,GT}}} = \eta_{\mathrm{th,GT}} + \eta_{\mathrm{th,DT}}(1 - \eta_{\mathrm{th,GT}})$$

Besitzen beide Teilprozesse einen thermischen Wirkungsgrad von etwa 40%, ergibt sich somit ein thermischer Wirkungsgrad des GuD-Prozesses von $\eta_{\mathrm{th,GuD}} \approx 64\%$. Berücksichtigt man noch den Generatorwirkungsgrad der Stromerzeugung sowie den Kraftwerkseigenverbrauch der Hilfsantriebe (Pumpen etc.), erhält man den genannten Nettowirkungsgrad von 60 bis 61%.

4 Strömungsmechanik kompressibler Fluide

In Gasturbinen und Dampfturbinen treten Strömungsgeschwindigkeiten im Bereich der Schallgeschwindigkeit auf, daher müssen alle Eigenschaften einer kompressiblen Strömung berücksichtigt werden. Die Schwerkraft spielt dabei eine nur geringe Rolle, so dass ihre Wirkung in allen Gleichungen vernachlässigt werden kann. Dies wird bereits in den Erhaltungsgleichungen umgesetzt, also in der Kontinuitätsgleichung (Massenerhaltung), in der Energiegleichung und im Impuls- oder Drehimpulssatz. Eine instationäre Strömung (lokal zeitabhängige Strömung) ist allerdings nur sehr schwierig berechenbar, sodass wir uns auf stationäre Verhältnisse beschränken. Eine große Einschränkung ist allerdings damit nicht verbunden, denn aufgrund der hohen Geschwindigkeiten sind selbst vergleichsweise schnelle Änderungen zumindest quasistationär berechenbar. Eine signifikante Speicherung von Energie, Masse oder Impuls, das Kennzeichen instationärer Verhältnisse, findet im gesamten Strömungsgebiet einer Gas- oder Dampfturbine bei typischen Lastgradienten nicht statt. Daher können wir ohne Weiteres die Gleichungen an einer stationären Stromröhre, einem Stromfaden oder auf einer Stromlinie (Abb. 4.1) als Ausgangspunkt ansetzen. Zu den folgenden Betrachtungen finden Sie in [Braun, 2014] oder in [Skolaut, 2014] die ausführliche Herleitung.

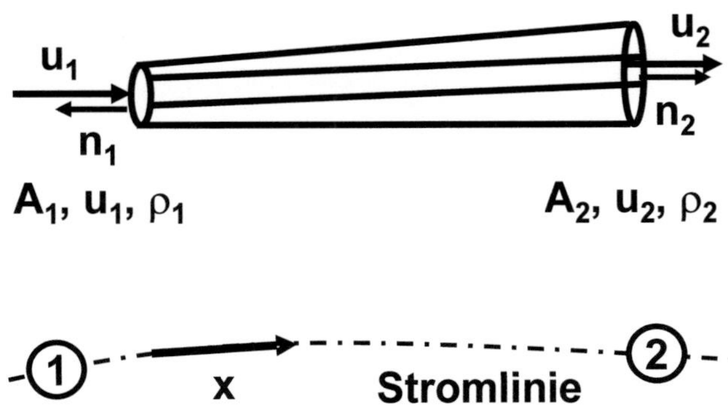

Abbildung 4.1 Stromröhre, Stromfaden und Stromlinie

Die Stromröhre besitzt eine Eintrittsfläche A_1 und eine Austrittsfläche A_2, auf denen die Strömungsverhältnisse jeweils homogen sein sollen, d.h.:

$$\vec{u}_1 = \text{konst}$$

$$\vec{u}_2 = \text{konst}$$

Mit wachsender Reynoldszahl einer Strömung dominieren die Impulskräfte immer stärker gegenüber den Zähigkeitskräften (Reibungskräften). Dadurch wird das Geschwindigkeitsprofil (außer in unmittelbarer Wandnähe) immer flacher, also im Kernbereich immer besser homogenisiert. Eine gasdynamische Strömung bei Machzahlen von etwa 1 weist immer gleichzeitig auch eine hohe Reynoldszahl auf, so dass diese Voraussetzung konstanter Strömungsgeschwindigkeiten tatsächlich sehr gut mit der realen Situation übereinstimmt. Besonders eine Strömung hoher Reynoldszahl bzw. Geschwindigkeit ist daher auf den beiden Flächen auch näherungsweise reibungsfrei berechenbar, denn in homogener Strömung gilt:

$$\vec{\tau}_1 = 0$$

$$\vec{\tau}_2 = 0$$

Auf beiden Flächen tritt also nur der Druck p_1 bzw. p_2 auf und die Spannung auf diesen Flächen ist:

$$\vec{t}_1 = -p_1 \vec{n}_1$$

$$\vec{t}_2 = -p_2 \vec{n}_2$$

Hierbei sind die Vektoren $\vec{n}_1$ und $\vec{n}_2$ die Flächennormalenvektoren der Flächen A_1 und A_2.

Wir entwickeln die gasdynamischen Grundgleichungen jeweils aus der allgemeinen Gleichung an einem *beliebigen* geschlossenen Kontrollvolumen V (= „Gebiet", Abb. 4.2), das nach außen von der Oberfläche S begrenzt wird. Geschlossen heißt in diesem Zusammenhang, dass sich im Inneren des Gebietes keine Oberflächenteile befinden, die nicht mit der äußeren Oberfläche S verbunden sind. Im Gebiet V sind also keine Löcher (kein „Schweizerkäse"). Der Flächennormalenvektor $\vec{n}$ steht an jeder Stelle senkrecht auf der beliebig gekrümmten Oberfläche S und ist immer nach außen gerichtet, d.h. er zeigt weg vom Volumen V (Abb. 4.2). Dies ist wichtig, damit die Vorzeichen der Erhaltungsgrößen hinterher korrekt berücksichtigt werden.

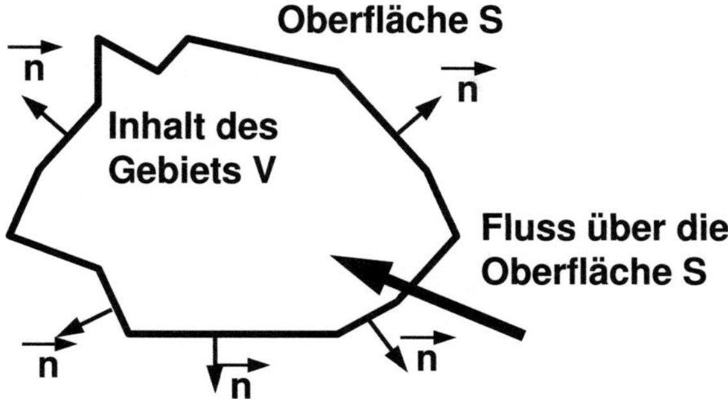

Abbildung 4.2 Kontrollvolumen V und seine Oberfläche S

Kontinuitätsgleichung

In stationärer Strömung muss die Summe aller Massenströme über die Oberfläche
S in das Gebiet (positiv) plus der Summe aller austretenden Massenströme (negativ) insgesamt null sein. Der Massenstrom wird in der Mathematik als „Fluss" der
Masse bezeichnet. Anstelle der Summierung über endlich viele Oberflächenteile
setzen wir hier und im Folgenden gleich eine Integration der Flüsse über differentiell kleine Bereiche an. Über das Flächenelement dS der Oberfläche S tritt der
Massenstrom $d\dot{m}$:

$$d\dot{m} = -\rho(\vec{u} \bullet \vec{n})dS$$

Das Skalarprodukt aus $\vec{u}$ und $\vec{n}$ ist definitionsgemäß negativ, wenn der Massenstrom eintritt (Abb. 4.2, stumpfer Winkel), dies wird über das negative Vorzeichen
formal berücksichtigt. In stationärer Strömung ist das allerdings nicht zwingend
erforderlich, da das gesamte Integral ohnehin null ist:

$$\iint_S d\dot{m} = 0$$

$$-\iint_S \rho(\vec{u} \bullet \vec{n})dS = 0$$

Das doppelte Integralzeichen symbolisiert hier lediglich, dass über einer Fläche, also einem zweidimensionalen Gebiet S integriert wird.

An der Stromröhre (Abb. 4.1) treten nur auf den Teilflächen A_1 und A_2 Massenströme auf, d.h., wir brauchen auch nur diese beiden Teilbereiche zu integrieren, die Ströme über die Stromflächen sind definitionsgemäß null:

$$-\iint_{A_1} \rho_1(\vec{u}_1 \bullet \vec{n}_1)dS - \iint_{A_2} \rho_2(\vec{u}_2 \bullet \vec{n}_2)dS = 0$$

Aufgrund der zuvor genannten Voraussetzungen sind die Skalarprodukte und die Dichte jeweils auf A_1 und A_2 konstante Größen. Die Integration ergibt also Integrand mal Größe des jeweiligen Integrationsbereichs, wobei bei geeigneter Wahl der Orientierung der Schnittflächen A_1 und A_2 senkrecht zum Geschwindigkeitsvektor gilt:

$$\vec{u}_1 \bullet \vec{n}_1 = -u_1$$

$$\vec{u}_2 \bullet \vec{n}_2 = u_2$$

An der Stromröhre gilt also im kompressiblen Fall die Kontinuitätsgleichung in folgender Form:

$$\dot{m} = \rho_1 u_1 A_1 = \rho_2 u_2 A_2$$

Energiegleichung

In stationärer Strömung (d.h. die Änderung der inneren und äußeren Energie des Systems ist Null) wird der erste Hauptsatz der Thermodynamik am betrachteten Kontrollvolumen aufgestellt:

$$P + \dot{Q} + \sum_{i=1}^{n} \dot{m}_i \left(h_i + \frac{1}{2}u_i^2 \right) = 0$$

Die potentielle Energie der Ströme ist bei Gasen klein gegen die anderen Energiearten und daher bereits vernachlässigt. Die Summe der Ströme wird wieder durch das Integral der differentiell kleinen Ströme $d\dot{m}$ auf den Oberflächenelementen dS mit der lokalen, spezifischen Enthalpie h und der kinetischen Energie $u^2/2$ ersetzt:

$$P + \dot{Q} - \iint_{S} \rho(\vec{u} \bullet \vec{n}) \left(h + \frac{1}{2}u^2 \right) dS = 0$$

An der Stromröhre (Abb. 4.1) treten massengebundene Energieströme nur an den Flächen A_1 und A_2 auf und der erste Hauptsatz vereinfacht sich wie bei der Kontinuitätsgleichung weiter:

$$P + \dot{Q} + \rho_1 u_1 A_1 \left(h_1 + \frac{1}{2}u_1^2 \right) - \rho_2 u_2 A_2 \left(h_2 + \frac{1}{2}u_2^2 \right) = 0$$

Teilen wir durch den Massenstrom $\dot{m}$, erhalten wir die spezifischen Größen: Spezifische Wärme q und technische Arbeit an der Stromröhre w_t:

$$w_t + q + h_1 + \frac{1}{2}u_1^2 = h_2 + \frac{1}{2}u_2^2$$

An der adiabaten ($q = 0$) und unbewegten ($w_t = 0$) Stromröhre in kompressibler Strömung gilt also unter den vorgenannten Bedingungen:

$$h_1 + \frac{1}{2}u_1^2 = h_2 + \frac{1}{2}u_2^2$$

Impulssatz

Unter Vernachlässigung der Schwerkraft gilt der Impulssatz am Kontrollvolumen in folgender Form:

$$\iint_S \rho(\vec{u} \bullet \vec{n})\vec{u}dS = \iint_S \vec{t}dS$$

Die linke Seite ist der Impulsfluss über die Oberfläche S des Kontrollvolumens V, die rechte Seite ist die gesamte, auf das Kontrollvolumen wirkende äußere Kraft. Der Impulsfluss muss gleich der gesamten Impulsänderung des Volumens V sein, weil der Impuls eine Erhaltungsgröße ist. Gleichzeitig ist die Impulsänderung des Volumens V nach dem Newtonschen Gesetz gleich der gesamten äußeren Kraft, daher sind auch der Impulsfluss und die äußere Kraft gleich. Diese teilt sich auf in die Kräfte, die auf die Flächen A_1 und A_2 wirken, sowie die Kraft ($\vec{F}_a$), die auf die restliche (Strom-) Fläche von außen wirkt. Impulsflüsse treten dagegen nur auf den Flächen A_1 und A_2 auf.

$$\iint_{A_1} \rho_1(\vec{u}_1 \bullet \vec{n}_1)\vec{u}_1 dS + \iint_{A_2} \rho_2(\vec{u}_2 \bullet \vec{n}_2)\vec{u}_2 dS = \iint_{A_1} \vec{t}_1 dS + \iint_{A_2} \vec{t}_2 dS + \vec{F}_a$$

Auch in den Impulsflussintegralen sind nur noch konstante Größen, genauso wie in den Spannungsintegralen, d.h. es kann an Stelle der Integrationen wieder die Multiplikation mit der jeweiligen Integrationsbereichsgröße treten:

$$-\rho_1 u_1 \vec{u}_1 A_1 + \rho_2 u_2 \vec{u}_2 A_2 = -p_1 \vec{n}_1 A_1 - p_2 \vec{n}_2 A_2 + \vec{F}_a$$

Häufig ist gefragt, wie groß die resultierende Kraft $\vec{F}_{res}$ ist, die die Strömung auf die Wände oder die anderen Stromröhren in ihrer Umgebung ausübt. Nach dem Gesetz actio = reactio ist das die negative äußere Kraft:

$$\vec{F}_a = -\vec{F}_{res}$$

Wir setzen den Massenstrom ein und lösen nach der gesuchten Kraft auf:

$$\vec{F}_{res} = \dot{m}\,(\vec{u}_1 - \vec{u}_2) + p_1(-\vec{n}_1)A_1 - p_2\vec{n}_2 A_2$$

Sie setzt sich aus der Impulsänderung der Strömung durch die Führung in der Stromröhre sowie aus einer resultierenden Druckkraft aus der statischen Druckänderung zusammen. Der Vektor $(-\vec{n}_1)$ zeigt dabei auf der Fläche A_1 in Strömungsrichtung. Man beachte, dass diese Form des Impulssatzes sowohl für die inkompressible als auch für die kompressible Strömung gilt, weil die Dichteänderung ρ_1 nach ρ_2 gar nicht mehr explizit auftaucht.

Aus diesen drei Grundgleichungen in Verbindung mit der idealen Gasgleichung

$$p = \rho R T$$

lassen sich die wichtigsten Beziehungen der Gasdynamik ableiten, insbesondere

- Lavaldüse, Raketendüsen und Schaufelkanäle in Turbinen,
- Zustandsgrößen im engsten Querschnitt bei überkritischer Anströmung,
- Verdichtungsstöße (senkrecht und schräg).

Die Ableitung dieser Beziehungen erfolgt nicht an dieser Stelle, es wird auf die Fachliteratur hingewiesen, z.B. [Braun, 2014].

Fluiddynamische Ähnlichkeit

In Turbomaschinen gelten die fluiddynamischen Ähnlichkeitsgesetze besser als in jedem anderen technischen Gerät mit vergleichbarer Komplexität.

Wir setzen zunächst vollständige **geometrische Ähnlichkeit** zweier Systeme voraus, d.h. **alle** messbaren Längen und Strecken skalieren sich im selben Verhältnis:

$$\frac{L}{L'} = \frac{D}{D'} = \frac{B}{B'} = \frac{x_1}{x_1'} = \frac{x_2}{x_2'} = \dots$$

Auch der Nullpunkt der Koordinatensysteme muss in beiden Systemen an einem geometrisch ähnlichen Ort liegen, so dass **alle** Ortsvektoren $\vec{x}_i$ bzw. $\vec{x}_i'$, die von diesen Nullpunkten aus beschrieben werden, parallel zueinander sind und sich im gleichen Längenverhältnis skalieren.

$$\vec{x}_1 \| \vec{x}_1'; \quad \vec{x}_2 \| \vec{x}_2'; \quad \dots$$

Dadurch skaliert sich automatisch auch jede (!) beliebige Länge L, denn diese ist immer als Differenz zweier Ortsvektoren beschreibbar (Abb. 4.3):

$$\vec{L} = \vec{x}_2 - \vec{x}_1$$

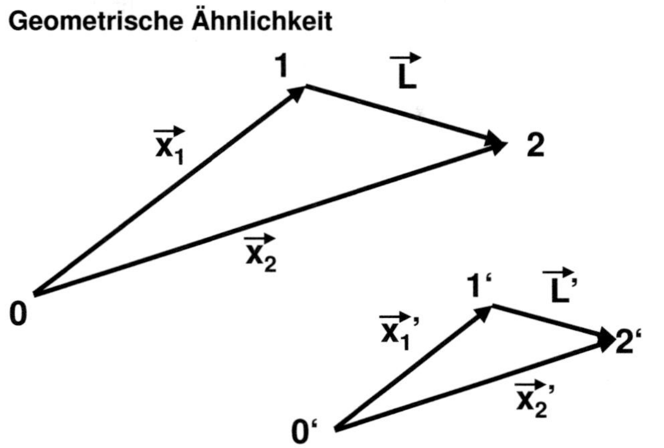

Geometrische Ähnlichkeit

Abbildung 4.3 Geometrische Ähnlichkeit

und

$$L = |\vec{L}| = |\vec{x}_2 - \vec{x}_1|$$

Zwei Längen eines Dreiecks, x_1 und x_2, sowie der Zwischenwinkel (Parallelität der Ortsvektoren) zwischen diesen Seiten legen das Dreieck fest und bei gleichem Seitenlängenverhältnis sind alle Winkel identisch (Kongruenz, Abb. 4.3). Geometrische Ähnlichkeit bedeutet also gleichzeitig auch eine winkeltreue Abbildung der Systeme untereinander.

Ebenso wird **kinematische Ähnlichkeit** vorausgesetzt, d.h. auch alle Geschwindigkeiten skalieren sich im gleichen Verhältnis und sind von der Richtung her in zwei fluiddynamisch ähnlichen Systemen an jeder Stelle parallel zueinander:

$$\frac{v}{v'} = \frac{u}{u'} = \frac{w}{w'} = \frac{\dot{x}}{\dot{x}'} = \dots$$

$$\vec{v}\|\vec{v}'; \quad \vec{u}\|\vec{u}'; \quad \vec{w}\|\vec{w}'; \quad \dots$$

Unter diesen Voraussetzungen sind also auch die beliebig gebildeten Geschwindigkeitsdreiecke $\vec{c} = \vec{w} + \vec{u}$ in zwei Systemen zueinander geometrisch ähnlich, sie haben also die gleichen Winkel (Abb. 4.4).

Bei geometrischer und kinematischer Ähnlichkeit lassen sich zwei Systeme eindeutig durch nur zwei dimensionsbehaftete Größen beschreiben, eine typische Länge

Kinematische Ähnlichkeit

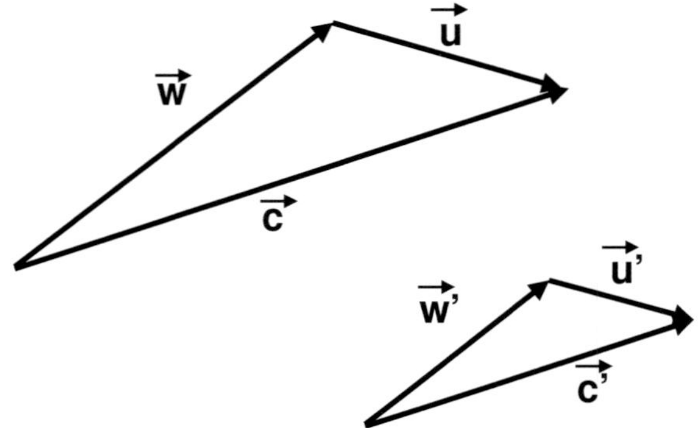

Abbildung 4.4 Kinematische Ähnlichkeit

L und eine typische Geschwindigkeit U, die in den beiden Koordinatensystemen mit gleicher Orientierung parallel zueinander sein müssen. Kurz gesagt: Geometrisch ähnliche Systeme müssen zwangsläufig in gleicher Richtung angeströmt werden, sonst sind sie nicht kinematisch ähnlich, alle Geschwindigkeitsdreiecke haben dann ebenso zwangsläufig die gleichen Winkel (Abb. 4.4).

Sind diese Voraussetzungen erfüllt, muss nur noch die **dynamische Ähnlichkeit** geprüft werden, d.h. auch die Veränderungen der Geschwindigkeiten (also die Beschleunigungen) müssen in zwei Systemen überall im gleichen Verhältnis stehen und jeweils parallel zu einander sein.

Nachdem die Beschleunigungen nach dem Newtonschen Gesetz proportional zu wirkenden Kräften ist, ist dynamische Ähnlichkeit daher die Aussage, dass alle Kräfte im gleichen Verhältnis zueinander stehen müssen und jeweils parallel zueinander sind, mit anderen Worten, genau wie alle Geschwindigkeitsdreiecke (geometrisch) ähnlich zueinander sind, müssen auch die Kräftedreiecke dann geometrisch ähnlich sein, wenn zwei geometrisch und kinematisch ähnliche Systeme betrachtet werden (Abb. 4.5). Daher reicht die Betrachtung aller typischen Kräfte F aus, diese müssen zwar gleichartig bestimmt werden, sie müssen aber nicht den wirklichen Kräften entsprechen, sondern nur die richtige Größenordnung beschreiben. Es ist jedoch wichtig, dass die Kräfte jeweils in die gleiche Richtung wirken,

Dynamische Ähnlichkeit

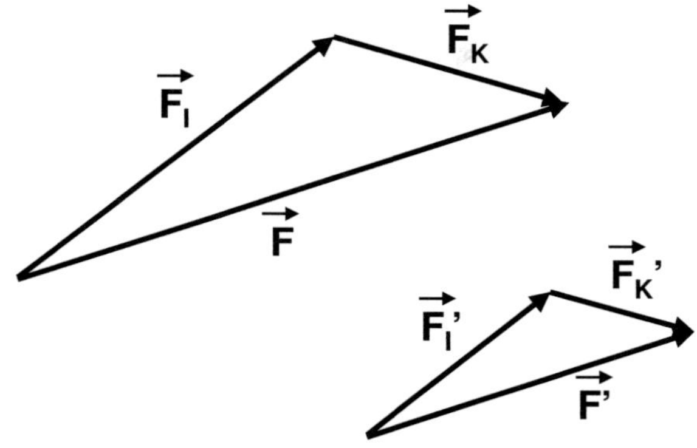

Abbildung 4.5 Dynamische Ähnlichkeit

sonst ist dynamische Ähnlichkeit auch bei geometrisch und kinematisch ähnlichen Systemen nicht gegeben.

$$\frac{F_I}{F_I'} = \frac{F_K}{F_K'} = \frac{F_p}{F_p'} = \frac{F_R}{\dot{F}_R{}'} = \frac{F_g}{\dot{F}_g{}'}$$

$$\vec{F}_I||\vec{F}_I'; \quad \vec{F}_K||\vec{F}_K'; \quad \vec{F}_p||\vec{F}_p'; \quad \vec{F}_R||\vec{F}_R'; \quad \vec{F}_g||\vec{F}_g';$$

In unseren Betrachtungen kommen nur fünf verschiedene typische Kräfte in Frage:

- typische Impulskraft $F_I = \rho u^2 L^2$
- typische Kompressionskraft bei Dichteänderung $F_K = \kappa p L^2$
- typische Reibungskraft $F_R = \eta u/L \cdot L^2 = \eta u L$
- typische Druckkraft $F_p = \Delta p L^2$
- typische Feldkraft, hier die Schwerkraft $F_g = \rho g L^3$

Anstelle des Vergleiches der fünf Kräfteverhältnisse in beiden Systemen werden die Kräfte in einem System nur mit einer der Kräfte verglichen, das ist die Impulskraft. Dadurch entstehen nur noch vier dimensionslose Kennzahlen, die bei vollständiger dynamischer Ähnlichkeit zweier Systeme den selben Wert haben müssen. Die Parallelität der Kraftrichtungen muss aber weiterhin gegeben sein, auch wenn dies meistens bei der Bestimmung der dimensionslosen Kennzahlen nicht mehr explizit erwähnt wird. L ist die typische Längenabmessung eines Problems, L^2 demnach die typische Fläche.

Die Reynoldszahl:

$$Re = \frac{F_I}{F_R} = \frac{\rho u^2 L^2}{\eta u L} = \frac{\rho u L}{\eta}; \quad Re = Re'$$

Die Eulerzahl:

$$Eu = \frac{F_p}{F_I} = \frac{\Delta p L^2}{\rho u^2 L^2} = \frac{\Delta p}{\rho u^2}; \quad Eu = Eu'$$

Die Froudezahl, bzw. deren Quadrat:

$$Fr^2 = \frac{F_I}{F_g} = \frac{\rho u^2 L^2}{\rho g L^3} = \frac{u^2}{gL}; \quad Fr = Fr'$$

Die Machzahl, bzw. deren Quadrat:

$$M^2 = \frac{F_I}{F_K} = \frac{\rho u^2 L^2}{\kappa p L^2} = \frac{u^2}{\kappa RT}; \quad M = M'$$

In kompressibler Strömung spielen nur die Reynoldszahl und die Machzahl eine Rolle, denn die Wirkung der Schwerkraft (also die Froudezahl) ist in Gasen wesentlich kleiner als die der Kompressionskräfte, während wiederum Druck*differenzen* in der Strömung (Eulerzahl) gegen den Absolutwert des Druckes (Machzahl) sehr klein sind.

In der Kernströmung einer Turbomaschine ist auch die Reynoldszahl sehr hoch, d.h. auch Reibungseffekte können hier praktisch vernachlässigt werden und ausschließlich die Machzahl dominiert den Vorgang. Dies gilt aber nicht in der Grenzschicht in der Nähe der festen Wände. In dieser müssen die Reynolds- und die Machähnlichkeit als gleichwertig angesehen werden. Mit wachsender Reynoldszahl der Hauptströmung wird allerdings auch diese Grenzschicht immer dünner, so dass wir unsere Betrachtungen auf den größten Teil des Massen- und Volumenstroms der Hauptströmung beziehen, die folglich nur machähnlich sein muss, sehr homogen und damit fast reibungsfrei ist. Wir halten fest:

In den Turbomaschinen „Kompressor" und „Turbine", insbesondere in axialen und mehrstufigen Maschinen, wird die Strömung in weiten Bereichen durch die Machzahl dominiert. Die Reynoldszahl, also die Reibung, spielt nur in einer dünnen, wandnahen Grenzschicht eine Rolle und beeinflusst damit die isentropen Wirkungsgrade dieser Maschinen. Mit der Machähnlichkeit lässt sich aber der überwiegende Anteil des Massenstroms sehr gut beschreiben und damit auch das Betriebsverhalten dieser Maschinen.

Die Machzahl wird definiert durch:

$$M = \frac{u}{\sqrt{\kappa RT}} = \frac{u}{a}; \quad M = M'$$

Hierbei ist a die Schallgeschwindigkeit des Gases, die eine thermodynamische Zustandsgröße ist.

Dimensionslose Gleichungen

Die allgemeine Kontinuitäts- und Energiegleichung der kompressiblen Strömung ist in einigen Fällen in der dimensionslosen Form mit der Machzahl wesentlich einfacher zu behandeln, weil die Machzahl die beiden Variablen Geschwindigkeit und Temperatur zu einer Größe zusammenfasst. Die Machzahl ist daher nicht nur eine dimensionslose Geschwindigkeit, denn ihr Wert ist offensichtlich nicht nur von der lokalen Strömungsgeschwindigkeit u, sondern auch von der lokalen Temperatur T abhängig.

Zunächst formen wir die Kontinuitätsgleichung und die Energiegleichung der adiabaten Strömung zwischen zwei Punkten 1 und 2 in die dimensionslose Machzahlform um. Zwischen den Punkten 1 und 2 gelten allgemein die **Kontinuitätsgleichung**

$$\dot{m} = \rho_1 u_1 A_1 = \rho_2 u_2 A_2$$

und die **Energiegleichung:**

$$h_1 + \frac{u_1^2}{2} = h_2 + \frac{u_2^2}{2}$$

Beide Gleichungen werden mit der Schallgeschwindigkeit am Eintritt a_1 dimensionslos gemacht. Mit $a_1 = \kappa R T_1$, $M_1 = u_1/a_1$ und $p = \rho RT$ wird aus der Kontinuitätsgleichung

$$\rho_1 M_1 A_1 = \rho_2 M_2 \sqrt{\frac{T_2}{T_1}} A_2$$

$$M_1 = M_2 \frac{\rho_2}{\rho_1} \sqrt{\frac{T_2}{T_1}} \frac{A_2}{A_1} = M_2 \frac{p_2}{p_1} \sqrt{\frac{T_1}{T_2}} \frac{A_2}{A_1}$$

und aus der Energiegleichung:

$$\frac{2c_p}{\kappa R} + M_1^2 = \left(\frac{2c_p}{\kappa R} + M_2^2 \right) \frac{T_2}{T_1}$$

$$\frac{2}{\kappa - 1} + M_1^2 = \left(\frac{2}{\kappa - 1} + M_2^2 \right) \frac{T_2}{T_1}$$

In dimensionsloser Form erkennt man sofort, dass der Adiabatenexponent κ der einzige in den Gleichungen übrigbleibende Stoffwert des Gases ist.

Lavaldüse und Zustandsgrößen im engsten Querschnitt

Bei der Beschleunigung eines Gases aus der Ruhe (Zustand 1) in den Überschallbereich, z.B. in einer Lavaldüse (Abb. 4.6), tritt am engsten Querschnitt der Düse (der sog. „Düsenhals", Index *) exakt die Schallgeschwindigkeit auf. Dieses Verhalten lässt sich, wie oben erwähnt, aus den Grundgleichungen ableiten ([Braun, 2014]). Wenn der Punkt 2 im engsten Querschnitt (*) liegt, gilt wegen des Erreichens der Schallgeschwindigkeit $M_2 = M^* = 1$ und $u_2 = a_2 = a^*$:

$$M_1 = \frac{p^*}{p_1}\sqrt{\frac{T_1}{T^*}}\frac{A^*}{A_1} = \left(\frac{2}{\kappa+1}\right)^{\frac{\kappa}{\kappa-1}}\left(\frac{2}{\kappa+1}\right)^{\frac{-1}{2}}\frac{A^*}{A_1} = \left(\frac{2}{\kappa+1}\right)^{\frac{\kappa+1}{2(\kappa-1)}}\frac{A^*}{A_1}$$

$$\frac{2}{\kappa-1} + M_1^2 = \left(\frac{2}{\kappa-1}+1\right)\frac{T^*}{T_1}$$

Alle Größen im engsten Querschnitt können dann in Bezug auf die Ruhegrößen dargestellt werden. Wenn M_1 klein gegen 1 ist (aber wegen der Kontinuität nicht null sein darf), kann M_1^2 wenigstens in der Energiegleichung vernachlässigt werden.

$$\frac{2}{\kappa-1} = \left(\frac{2}{\kappa-1}+1\right)\frac{T^*}{T_1}$$

$$1 = \left(1+\frac{\kappa-1}{2}\right)\frac{T^*}{T_1}$$

Das Temperaturverhältnis hängt dann also über den Isentropenexponenten κ nur noch vom Gas selbst ab. Es ergeben sich daher für ein bestimmtes Gas (d.h. fester Wert des Isentropenexponenten κ) feste Verhältnisse aller Zustandsgrößen zu den Ruhegrößen:

$$\frac{T^*}{T_1} = \frac{2}{\kappa+1}$$

$$\frac{a^*}{a_1} = \left(\frac{2}{\kappa+1}\right)^{\frac{1}{2}}$$

$$\frac{p^*}{p_1} = \left(\frac{2}{\kappa+1}\right)^{\frac{\kappa}{\kappa-1}}$$

$$\frac{\rho^*}{\rho_1} = \left(\frac{2}{\kappa+1}\right)^{\frac{1}{\kappa-1}}$$

Vor dem engsten Querschnitt der Düse ist die Strömung im Unterschall ($M < 1$), in diesem Bereich ist ein konvergenter Kanal eine Düse, ein divergenter Kanal wäre ein Diffusor, der die Strömung wieder abbremst. Nach dem Durchqueren des engsten Querschnittes wechselt die Strömung in den Überschallbereich ($M >$

1), in dem eine Düse ein divergenter Kanal ist, ein konvergenter Kanal würde dagegen die Strömung wieder abbremsen, bzw. die Strömung würde gar nicht $M = 1$ erreichen. Der Grund für dieses Verhalten ist, dass in der Beschreibung der Geschwindigkeitsveränderung bei einer Veränderung des Kanalquerschnitts in Strömungsrichtung (x) der Term $(1 - M^2)$ auftaucht, der bei M = 1 sein Vorzeichen wechselt:

$$\frac{1}{u}\frac{du}{dx} = -\frac{1}{1 - M^2}\frac{dA}{dx}$$

Der Massenstrom durch die Düse wird dann exakt durch den Wert der Zustandsgrößen im engsten Querschnitt vorgegeben, die in einem festen Verhältnis zu den Ruhegrößen stehen (s.o.):

$$\dot{m} = \rho^* a^* A^* = \rho^* \sqrt{\kappa R T^*} A^* = p^* \sqrt{\frac{\kappa}{R T^*}} A^*$$

Damit sich dieser Zustand einstellt, muss das Gesamtdruckverhältnis über der Düse p_1/p_2 mindestens so groß sein, dass der Wert von p_1/p^* nach der oben genannten Beziehung überschritten wird. Ist das nicht der Fall, bleibt die Strömung in der gesamten Düse im Unterschallgebiet und bremst im divergenten Teil der Lavaldüse (Abb. 4.6) sogar wieder ab.

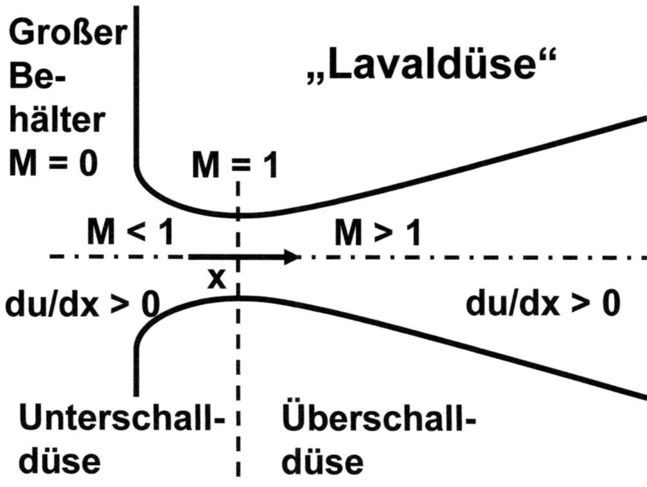

Abbildung 4.6 Konvergent-divergente Lavaldüse zum Erreichen des Überschallgebietes

Eine Düse, die eine Strömung aus der Ruhe in den Überschallbereich beschleunigen soll, besteht also immer aus einer konvergenten Unterschalldüse (Abb. 4.6, links) bis zum engsten Querschnitt, in dem immer die Machzahl 1 vorliegt und einem divergenten Teil (Abb. 4.6, rechts), in dem die Machzahl größer als 1 ist.

Der Massenstrom ist insbesondere durch den engsten Querschnitt A^* und die Zustandsgrößen T_1 und p_1 vor der Düse begrenzt, was man als „Schluckfähigkeit" der Düse bezeichnet. Soll der Massenstrom erhöht werden, kann dies über eine Temperatur*absenkung* vor der Düse (z.B. in der Brennkammer) und/oder über eine Erhöhung des Druckes p_1 vor der Düse erfolgen, um die Dichte ρ_1 bzw. ρ^* zu erhöhen. Nachdem die Temperatur meist vorgegeben ist, reagiert eine Lavaldüse daher auf einen höheren Massendurchsatz mit einem fast linear ansteigenden Vordruck p_1, damit der Massenstrom aufgrund der höheren Dichte durch den engsten Querschnitt „passt".

Die isentrope Austrittsgeschwindigkeit aus einer adiabaten Lavaldüse ist durch folgende Gleichung gegeben:

$$u_2 = \sqrt{2c_p T_1 \left[1 - \left(\frac{p_2}{p_1} \right)^{\frac{\kappa-1}{\kappa}} \right]}$$

Die erreichbare Machzahl M_2 ist:

$$M_2 = \sqrt{\frac{2}{\kappa-1} \frac{T_1}{T_2} \left[1 - \left(\frac{p_2}{p_1} \right)^{\frac{\kappa-1}{\kappa}} \right]}$$

$$M_2 = \sqrt{\frac{2}{\kappa-1} \left[\left(\frac{p_1}{p_2} \right)^{\frac{\kappa-1}{\kappa}} - 1 \right]}$$

Im Extremfall geht der Austrittsdruck p_2 fast gegen Null (z.B. Raketentriebwerke im Weltraum), sodass die Machzahl M_2 gegen unendlich geht. Die Austrittstemperatur T_2 wird dann nämlich sehr klein ($T_2 \to 0$) und damit auch die Schallgeschwindigkeit a_2. Die Austrittsgeschwindigkeit bleibt aber auch im isentropen Fall immer endlich:

$$u_2 \leq \sqrt{2c_p T_1} = \sqrt{2h_1}$$

Die gesamte Enthalpie wird dann in kinetische Energie umgewandelt, d.h. der thermische Wirkungsgrad dieses Vorgangs geht gegen 100%. Moderne LOX/LH2 Raketentriebwerke wie das SSME (Space Shuttle Main Engine) und die Vulcain2 Triebwerke der Ariane 5 kommen im Vakuum des Weltalls diesem Ziel sehr nahe und sind die effizientesten thermischen Maschinen überhaupt.

5 Pascalprogrammierung

Hintergrund zu Pascal

Pascal ist eine sehr leicht und schnell zu lernende Programmiersprache, weil sie für den Menschen und nicht für den Computer konzipiert wurde und frühzeitig das systematische Programmieren eingeführt und weit verbreitet hat. Der Computer macht, was der Programmierer will, und nicht umgekehrt. Gleichzeitig unterstützt Pascal hervorragend das Erlernen aller anderen Sprachen, denn fast alle Sprachelemente moderner Sprachen wurden aus dem „Original" Pascal oder seinem Nachfolger Object Pascal (Delphi) in andere Sprachen übernommen.

Unsere Zielsetzung ist die Berechnung der Performance einer Gasturbine innerhalb eines GuD-Kraftwerks im Auslegungspunkt (design point) und in allen relevanten Betriebsfällen, die man als off-design bezeichnet. Off-design bedeutet:

- Relevante Umgebungsparameter sind gegenüber dem Auslegungspunkt geändert, dies sind insbesondere Umgebungstemperatur, Umgebungsdruck, Umgebungsfeuchte, der Druckverlust des Ansaugfilters und der Gegendruck des Dampferzeugers. Diese Bedingungen werden der Gasturbine von Außen aufgeprägt.
- Bestimmte Regelparameter der Gasturbine wurden geändert, besonders um Teillast oder geringe Überlast zu simulieren oder um den Maschinenschutz zu gewährleisten. Die wichtigsten Einstellparameter sind die Stellung der Vorleitreihe des Kompressors zur Ansaugmengenregelung und die Brennstoffzufuhr zur Brennkammer oder zu den Brennkammern zur Regelung der Eintrittstemperatur(en) in die Turbine(n).

Zum Erreichen dieses Ziels wird unser Programm vor allem eines tun: **Rechnen.**

Und zwar so viel, dass wir von Hand buchstäblich Monate brauchen würden, um die gleiche Rechnung durchzuführen. Jedes kleine Netbook und jeder Heim-PC hat heute so schnelle Prozessoren, dass diese weit über den Fähigkeiten bzw. Notwendigkeiten der Rechner sind, die für die Mondlandung eingesetzt wurden. Dieses Potential können sie aber nur ausnutzen, wenn sie nicht gleichzeitig andere, zeitraubende Dinge tun müssen.

Warum kommt Ihnen Ihr Rechner (unabhängig vom Prozessor) trotzdem manchmal langsam vor? Ganz einfach: Weil alle notwendigen Berechnungen zwar mit hoher Taktfrequenz erfolgen,[5] aber die Ausleitung der Ergebnisse und die Darstellung auf dem Bildschirm (output) oder das Schreiben in eine Datei ein Vielfaches

---

[5]Dazu müssen Prozessoren immer kleiner werden, damit die Signalübertragung schneller geht. Großes Problem ist dann die Wärmeabfuhr.

(Zehnerpotenzen) langsamer geht. Letztlich ist es die Grafik, die soviel Rechenkapazität frisst.

Eine Berechnungsschleife wird wesentlich langsamer ausgeführt, selbst wenn man nur eine einzige Schreibeanweisung (write) in der Schleife auf den Bildschirm schreibt. Gemeint ist hier ein einfaches DOS-Fenster, bei einer grafischen Benutzeroberfläche (GUI) dauert es nochmals länger.

Nachdem unsere Aufgabenstellung an den Computer das Rechnen sein wird, sollten wir also darauf achten, dass er nicht durch umfangreiche Grafik blockiert wird, noch dazu wenn sich dies besonders in der Entwicklung eines Programms eher störend auswirkt. Natürlich muss man die Berechnungen in dieser Phase durch Bildschirmaugaben ständig prüfen, aber da wir ausschließlich von Zahlenwerten reden, ist eine grafische Darstellung weder hilfreich noch sinnvoll. Für unsere Zwecke ist daher eine befehlsorientierte Sprache wie Standard-Pascal mit einfacher Ausgabe zunächst einmal besser geeignet. Ist man am Ende fertig, kann man dann immer noch eine grafische Oberfläche (z.B. mit Object-Pascal) um das Programm herum legen, so dass Eingabe und Ausgabe in der gewohnten Windows-Oberfläche erfolgen würden.

Als Alternative können auch die Aufgaben komplett getrennt werden: Ein kleines Eingabeprogramm (Eingabemaske) erzeugt eine Datei, die vom Berechnungsprogramm als input eingelesen wird. Ohne eigene Bildschirmausgabe erzeugt unsere Simulation dann eine Ergebnisdatei in einem Format, das z.B. von Excel gelesen werden kann. Excel übernimmt dann die gewünschte grafische Darstellung, so dass der (meist technisch orientierte) Programmierer nicht auch noch selbst „das Rad neu erfinden" muss.

In die Tiefe einer grafischen Programmierung wollen wir uns hier daher nicht begeben, das soll Aufgabe anderer Lehrbücher sein (z.B. [Azeem, 2015] oder [Schumann, 2004]). Somit sollte auch die Eingangs gestellte Frage beantwortet sein. Für unsere Zielsetzung ist Pascal ideal geeignet, das Erlernen des Notwendigsten wird uns nur wenig Zeit kosten.

Das aus meiner Sicht immer noch beste Buch zum systematischen Erlernen einer Programmiersprache wie Pascal ist [Erbs, 1984] bzw. [Erbs, 1986]. Es ist zwar schon etwas älter und wird derzeit auch leider nicht neu aufgelegt, im einschlägigen Online-Handel kann man aber immer noch neue und gut erhaltene Gebrauchtexemplare erstehen. Wer hier die Möglichkeit hat, sollte zugreifen.

Das Buch fängt wirklich „bei Null" an und erläutert mit vielen Beispielen alle Sprachelemente von Standard-Pascal. Gleichzeitig wird die Systematik so gut erklärt, dass man nach dem Studium dieses Buchs auch alle anderen Programmiersprachen erlernen kann, denn es geht dann nur noch um geänderte Syntax (sozusagen nur ein anderer Dialekt), nicht mehr um das Programmieren an sich: Ob eine while-Schleife durch

- „while LA...do begin AnwB...end;" wie in Pascal
- „while LA...{ AnwB...}" wie in C oder C++
- „do while (LA...) AnwB...end do" wie in FORTRAN95

codiert wird, ist letztlich nicht mehr wichtig, kennt man Pascal, erkennt man alle.

Jede dieser while Schleifen wiederholt den Anweisungsblock AnwB...so lange, wie der logische Ausdruck LA...den Wert true ergibt. Die Ausführung wird beendet, sobald der logische Ausdruck false ergibt. Folglich muss im Anweisungsblock mindestens eine Variable so geändert werden, dass der logische Ausdruck irgendwann false ergibt und die Schleife abgebrochen wird. Geschieht dies nicht, ist der Computer in einer „unendlichen Schleife" gefangen und bricht erst ab, wenn er einen defekt erleidet (das kann lange dauern). Oder wenn man mit dem bewährten „Ctrl C" die Ausführung beendet. Oder mit „Ctrl+Alt+Del", in der Hoffnung, dass sich der Taskmanager meldet. Oder, in besonders hartnäckigen Schleifen, die auch die Annahme von all dem verweigern, mit dem Ein-Aus-Schalter. In diesem Fall wäre es natürlich schlau gewesen, wenn man *vorher* gespeichert hätte.[6]

Wir werden hier nur die Sprachelemente von Pascal bzw. FreePascal verwenden, die wir unbedingt brauchen werden. Ein vollständiger Programmierkurs soll also nicht unser Ziel sein. Wer auch die anderen Sprachelemente von Pascal (z.B. pointer) oder die zusätzlichen Fähigkeiten von FreePascal nutzen möchte, sei auf die aktualisierte Referenz [Van Canneyt, 2012] (im Buchhandel) oder auf die kostenlosen Internetquellen zu FreePascal verwiesen.

Lesbarkeit der Pascal-Quelle

Die Programmiersprache Pascal zwingt zu einer strikten Systematik und Programmierdisziplin. Sie ist dazu gedacht, dass der Mensch versteht, was das Programm tun soll. Besonders, wenn er/sie das Programm nicht selbst geschrieben hat. Deswegen sollte man von Anfang an aussagekräftige Variablennamen wählen, so dass bereits der Anweisungstext (Pascalcode) sagt, was getan wird.

Anstelle von:

```
for i := 1 to 4 do
begin
  if i = 3 then
```

---

[6]Die harte Tour muss man erfahrungsgemäß ausgerechnet dann anwenden, wenn man das Speichern „mal" vergessen hatte. Aber der Mensch ist ja lernfähig...

```
begin
  Anweisung1;
  Anweisung2;
end;
end;
```

sollte besser stehen

```
for Ampel := Rot to Gruen do
begin
  if Ampel = GelbRot then
  begin
    Anweisung1;
    Anweisung2;
  end;
end;
```

weil dann sofort klar ist, was der Programmteil tun soll.

Dazu muss man allerdings zunächst deklarieren, was eine Variable namens Ampel für einen Typ hat, welche Werte also für diese Variable zulässig sind. Pascal bietet hier die notwendige Flexibilität, denn Pascal erlaubt es auch, sich eigene Datentypen nach Bedarf zusammenzustellen. Daher beginnt jedes Pascalprogramm mit einem **Deklarationsteil**.

Wie sieht ein Pascalprogramm aus?

Deklarationsteil

Die grundsätzliche Reihenfolge in Pascal ist folgendermaßen festgelegt:

```
program test (input, output);
{ Deklarationsteil }
{   d.h. Konstante, Typen, Globale Variablen }
{ Funktionen und Prozeduren }
begin
  { Hauptprogramm }
end.
```

Innerhalb von geschweiften Klammern kann man beliebige **Kommentare** einfügen. Alles was zwischen geschweiften Klammern steht, wird vom Compiler ignoriert. Mit Kommentaren sollte man nicht geizen, denn sie dienen der Lesbarkeit und dem Verständnis des Programms. Das obige Programm wird also vom

Compiler anstandslos übersetzt, allerdings ist es sinnlos, denn es macht rein gar nichts. Syntaktisch korrekt ist es aber.

Unterprogramme und Funktionen sind genauso aufgebaut und das System ist beliebig tief zu schachteln. Prozeduren dürfen also eigene Unterprogramme deklarieren, die anderen Prozeduren dann nicht bekannt sind. Ebenso darf eine Prozedur sogar sich selbst aufrufen, also rekursiv sein. Das Programm auf dem Einband der 2. Auflage von [Erbs, 1984]

```
program Rekursion (input, output);
procedure pascaldruck;
begin
  write ('PASCAL ');
  pascaldruck;
end;

begin
  pascaldruck;
end.
```

schreibt das Wort PASCAL so oft auf den Bildschirm, bis der Benutzer mit Ctrl C abbricht. Auch ein rekursiver Prozeduraufruf sollte also wie eine Schleife mit einer Abbruchbedingung versehen werden.

Implizite Deklarationen gibt es nicht, wie z.B. in FORTRAN: Der erste Aufruf von „impel" als Variable deklariert in FORTRAN zur Laufzeit eine neue Integervariable (wegen des Anfangsbuchstabens i), auch wenn man sich nur verschrieben hat und ampel schreiben wollte...

In Pascal „meckert" da bereits der Compiler, dass er impel nicht kennt. Alles, was verwendet werden soll, muss **zuvor** deklariert sein.

Konstantendeklaration

```
const  Konstante = Wert;
```

Damit wird eine Konstante definiert, deren Wert nicht geändert werden kann (in FORTRAN geht das im Prinzip). Die Konstante wird dadurch mit dem richtigen Wert und Variablentyp belegt. Mit bereits zuvor definierten Konstanten dürfen auch andere Konstanten berechnet werden. Beispiele:

```
const max1 = 10; {integer, also ganze Zahl}
      max2 = 10.0; {real}
```

```
max = 10; {integer}
R_univ = 8314.0; {real}
M_O2 = 32; {integer}
R_O2 = R_univ/M_O2; {real}
pi = 3.14159; {real}
ZweiBrennkammern = false; {boolean, also logische Variable}
```

Verwirrende oder gar unsinnige Deklarationen sind zu unterlassen, z.B.:

```
const Eins = 2;
      pi = 5.144;
      Richtig = false;
```

Typendeklaration

Auch eigene Datentypen können weitgehend frei deklariert werden, man braucht also nicht immer mit Zahlen zu arbeiten. Das sieht z.B. dann so aus:

```
type NeuerTyp = Wertebereich;
```

Beispiele:

```
type
  matrixtype = array[1..max, 1..max] of double;
  vectortype = array[1..max] of double;
  ampeltype  = (Rot, Gelbrot, Gruen, Gelb);
  mengentype = set of 0..9;
  flowtype   = record
                 flowname: string;
                 part_nr: integer;
                 mflow, temp, press, enth, entr, dens, veloc: real;
               end;
```

In Pascal vordefinierte Schlüsselwörter wie „type", „const", „procedure", „function", „record", „set" etc. dürfen nicht als eigenständige Namen für Konstanten, Typen oder Variablen verwendet werden, allerdings darf die Buchstabenfolge wie hier gezeigt innerhalb eines Namens auftauchen.

Der Datentyp record ist besonders praktisch, weil man verschiedene Typen (Buchstaben, ganze Zahlen, reelle Zahlen) zu einem Variablentyp zusammenfassen kann. In eine Variable vom recordtyp kann man also alle Informationen packen, die man möchte.

Variablendeklaration

Schließlich können und müssen natürlich auch Variablen mit den zugehörigen Typen deklariert werden, entweder aus den vordefinierten Standardtypen (integer = ganze Zahl, real = reelle Zahl, double = reelle Zahl mit doppelter Genauigkeit, boolean = Wahrheitswert, array = Vektoren, Matrizen, Tensoren, u.s.w.) oder den zuvor selbstdefinierten Typen.

```
var
  Zaehler, i, j: integer;
  ampel: ampeltype;
  flow01, flow02, flow03: flowtype;
```

Wie gesagt, alle Variablen, die verwendet werden sollen, müssen zuvor (im Quelltext weiter oben) deklariert werden.

Eine Variable vom Mengentyp (set of) darf im Programm auch als Menge oder Teilmenge definiert werden und wird nach den Regeln der Mengenlehre behandelt (Schnittmenge *, vereinigte Menge +, Differenzmenge -, Vergleiche =, etc.). Variablen des Mengentyps können aber leider weder direkt eingegeben (read) noch ausgegeben werden (write).

```
program testemengen (input, output);
type
  mengentyp = set of 0..9;
var
  ziffernmenge1, ziffernmenge2, ziffernmenge3,
  schnitt, vereinigung: mengentyp;
begin
  ziffernmenge1 := [0, 3, 5, 7];
  ziffernmenge2 := [3, 7, 5, 0];
  ziffernmenge3 := [1, 2, 5, 9];
  if ziffernmenge1 = ziffernmenge2 then
    write ('Die Mengen sind gleich')
  else
    write ('Die Mengen sind ungleich');
  schnitt := ziffernmenge1 * ziffernmenge3;
  vereinigung := ziffernmenge 1 + ziffernmenge3;
end.
```

Was steht hinterher am Bildschirm? Was enthält „schnitt" bzw. „vereinigung" am Ende?

Variable im Hauptprogramm sind GLOBALE Variablen und damit auch innerhalb von allen Unterprogrammen bekannt. Variable in Unterprogrammen sind LOKALE Variablen und nur in diesem Unterprogramm bekannt. Ausnahme: Wenn eine Variable des gleichen Namens wie eine globale Variable in einem Unterprogramm deklariert wird, ist die globale Variable dort nicht mehr bekannt und wird auch nicht verändert (zur Sicherheit gegen versehentliches Ändern).

Vordeklarierte Typen

integer (ganze Zahl)
real (4-byte Gleitkomma)
double(*) (8 Byte Gleitkomma)
boolean (Wahrheitswert, true, false)
char (Zeichen) string(*) (Zeichenkette)
array (Matrix, Vektor, Tensor von gleichem Typ)
 set (Menge von Elementen)
 record (Zusammenfassung von Werten unterschiedlichen Typs)
 pointer (dynamische Variable, alokiert Speicher während der Programmlaufzeit)
(*) nicht original-Pascal Syntax aber sehr praktisch

Deklaration von Funktionen und Prozeduren

Nach der Variablendeklaration folgt die Deklaration der Funktionen und Prozeduren. Funktionen haben in der Regel mindestens eine variable Eingangsgröße und genau ein Ergebnis. „Funktion mit Nebeneffekten" nennt man es, wenn in der Funktion auch Eingangsgrößen oder globale Variablen verändert werden. Dies ist zwar möglich, aber ein Relikt aus FORTRAN, das besser vermieden werden sollte. Soll eine Funktion mehr als ein Ergebnis haben (mathematisch gesehen ist das keine Funktion mehr!), sollte man stattdessen eine Prozedur deklarieren und **alle** Variablen, die verändert werden, im Prozedurkopf deklarieren. Auch in Prozeduren sollte man also keine globalen Variablen **ändern**, verwenden darf man sie aber schon.

```
function parabel (a, b, c, x: real): real;
{ Deklarationsteil }
{ Konstante, Typen, Globale Variablen }
{ Funktionen und Prozeduren }
begin
  parabel := a*sqr(x) + b*x + c;
  a := 0;
end;
```

Die im Funktionskopf deklarierten real-Variablen a, b, c und x sind **Wertparameter**, die an die Funktion übergeben werden, die Variable des Hauptprogramms wird aber nicht geändert. Wertparameter sind eigene Speicherplätze, in die nur der übergebene Wert kopiert wird. Man kann den Wert zwar im Unterprogramm lokal ändern, die Anweisung a := 0; hat aber keine Wirkung auf das Hauptprogramm (und ist NB hier sinnlos).

```
procedure geradenkoeffizienten (x1, y1, x2, y2: real; var b, c: real);
{ Deklarationsteil }
{ Konstante, Typen, Globale Variablen }
{ Funktionen und Prozeduren }
begin
  b := (y2 - y1)/(x2 - x1);
  c := y1 - b*x1;
  x1 := 0;
end;
```

Die im Prozedurkopf deklarierten real-Variablen x1, x2, y1 und y2 sind wieder **Wertparameter**, die an die Prozedur übergeben werden, die Variable des Hauptprogramms wird also nicht geändert, egal was mit diesen Variablen im Unterprogramm geschieht. Die Anweisung x1 := 0; hat also keine Wirkung auf das Hauptprogramm und ist wie oben unnötig. Die Variablen b und c sind durch das Vorsetzen des Schlüsselbegriffs **var** aber **Referenzparameter**, d.h. hier wird direkt auf den Speicherplatz der Variablen des Hauptprogramms zugegriffen und der Wert von b und c (bzw. der Variablen des Hauptprogramms, für die b und c nur der referenzierte Alias-Name ist) wird berechnet und an das Hauptprogramm zurückgegeben.

Ausführbarer Programmteil

Zwischen begin und end, also

```
begin
  b := (y2 - y1)/(x2 - x1);
  c := y1 - b*x1;
  x1 := 0;
end;
```

in Unterprogrammen und Funktionen und

```
begin
  geradenkoeffizienten (x1, y1, x2, y2, b, c);
  a := 0;
```

```
  x := 2.25;
  y := parabel (a, b, c, x);
end.
```

im Hauptprogramm (beachten Sie den finalen Punkt, der das Ende des Programms markiert) stehen die ausführbaren Anweisungen. Voraussetzung ist natürlich, dass alle genannten Variablen auch im Hauptprogramm mit dem gleichen Typ deklariert sind wie im Unterprogramm, sonst übersetzt der Compiler das Programm gar nicht erst in ausführbaren Code.

Wertzuweisung

Eine Wertzuweisung ist durch ein := gekennzeichnet, sie ist aber keine Gleichung. Links des := steht genau eine Variable, rechts des := steht ein mathematischer oder logischer Ausdruck der einen Wert vom gleichen Typ erzeugt wie die Variable links deklariert wurde. Die Anweisung

```
var
  i, j, k: integer;
  x, y, z: double;
  weiter: boolean;
begin
  i := i + 1;
end.
```

wäre als Gleichung unsinnig ($0 = 1$), als Wertzuweisung ist sie zulässig.

Zuerst wird die rechte Seite ausgewertet: Der aktuelle Wert von i (z.B. 2) wird um eins erhöht, Ergebnis 3. Dann wird das Ergebnis in der Variablen links abgelegt: In i ist nach der Anweisung der Wert 3 abgespeichert, der Wert von i wird also erst nach der Berechnung des Ausdrucks rechts geändert.

Auch Ausdrücke in boolschen Variablen können aus Berechnungen entstehen:

```
var
  i, j, k: integer;
  x, y, z: double;
  weiter: boolean;
begin
  weiter := (i <= 15) and ( y > 0);
end.
```

Ausdrücke mit inkompatiblen Variablentypen sind dagegen unzulässig:

```
var
```

```
  i, j, k: integer;
  x, y, z: double;
  weiter: boolean;
begin
  i := y + z;
  i := weiter;
end.
```

FORTRAN IV hat das nicht gestört: Das Bitmuster aus der Berechnung y+z wurde gnadenlos als integer interpretiert. Zusammen mit der impliziten Variablendeklaration konnte man damit höchst interessante Dinge anstellen, wie z.B. einen Satelliten auf eine falsche Bahn bringen. Ziemlich teurer Fehler ...

Dahingegen ist die Anweisung

```
var
  i, j, k: integer;
  x, y, z: double;
  weiter: boolean;
begin
  x := i + j;
end.
```

zulässig, weil das Ergebnis aus i + j zwar ganzzahlig ist, aber natürlich auch eine reelle Zahl (real oder double) darstellt.

Auf eine Variable eines record typs kann man sowohl als Ganzes als auch auf jedes Element separat zugreifen. Die Anweisung

```
var
  flow01, flow02: flowtype;
begin
  {...}
  flow02 := flow01;
  flow02.flowname := 'Strom 2';
  flow02.part_nr := 5;
  {...}
end.
```

weist zunächst **allen** Variablen von flow02 den entsprechenden Wert von flow01 zu. Damit könnte man flow02 initialisieren, d.h. mit sinnvollen Werten versehen, besonders wenn die Werte ohnehin teilweise gleich sein sollen (Massenstrom, Temperatur, Druck). Danach werden einzelne Elemente von flow02 getrennt verändert, hier z.B. der Name, die zugehörige Bauteil-Nr. etc.

Anweisungen

Eine Anweisung ist eine einzelne Befehlssequenz, die ein Computer in einem Schritt durchführt. Unterschiedliche Anweisungen werden in Pascal mit einem Strichpunkt ; getrennt und dürfen in einer Zeile stehen. Eine Anweisung kann in Pascal auch beliebig viele Zeichen besitzen und über mehrere Zeilen gehen. In FORTRAN IV stand eine Anweisung in genau einer Zeile und wurde durch den Zeilenumbruch getrennt. Sie durfte auch aus nicht mehr als maximal 80 einzelnen Zeichen bestehen, sogar ein paar weniger, denn die Zeilennummer (das sogenannte label) war ebenfalls in den 80 Zeichen mitgezählt. Dies hatte schlicht historische Gründe, denn eine FORTRAN Anweisung stand auf genau einer Standard-Lochkarte, die exakt Platz für 80 Zeichen bot (Abb. 5.1). Eine Lochkarte entsprach einer Zeile auf dem Drucker (daher der Name line-printer). Dementsprechend kurz und unleserlich waren komplizierte Berechnungsgleichungen dann auch, weil Variablennamen aus Buchstabe plus Nummer sehr kurz und daher beliebt waren (x1 bis x5766). Wer auswendig wusste, was x457 ist, war König.

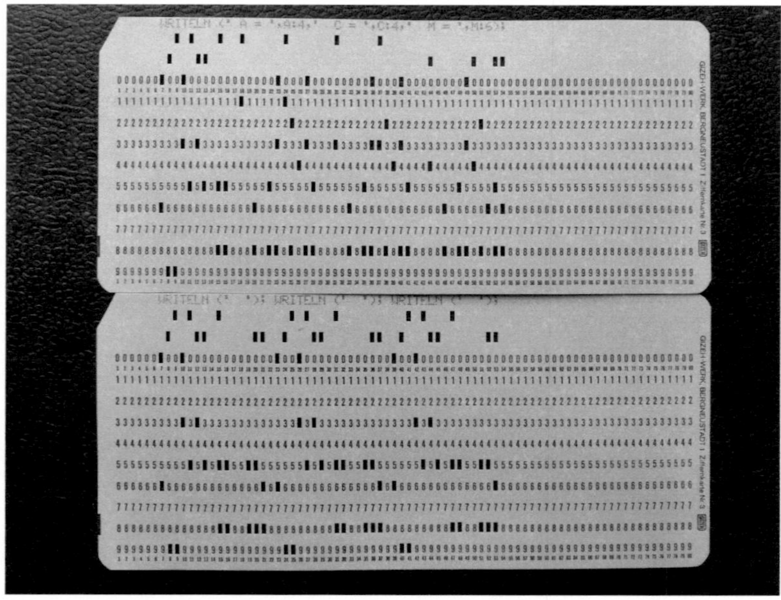

Abbildung 5.1 Zwei Lochkarten mit mehreren Pascal-writeln Anweisungen

In Pascal gab es als erste moderne Programmiersprache all diese Beschränkungen nicht mehr, die Verständlichkeit stand im Vordergrund: Mehrere Anweisungen durften durch Strichpunkt getrennt in einer Zeile stehen (Abb. 5.1), eine Anweisung durfte über mehrere Zeilen (Karten) gehen. Kurze Namen sind prima, wenn sie selbsterklärend sind, z.B. p1 als Druck am Eintritt, p2 als Druck am Austritt. p557 ist dagegen nicht selbsterklärend.

Gültige Anweisungen in Pascal sind also z.B.:

```
y := exp(x);
y := exp(x); write ('y = ', y:5:2); readln;
dmfuel := flowin.mflow*flowout.cp*(TIThg-T2)
            /(fuelflow.Hu+fuelflow.hf-flowout.cp*T2);
```

Mit begin und end können mehrere Anweisungen zu einer einzelnen Anweisung gruppiert werden (Anweisungsblock). Die Identifier (vorbelegte Worte) begin und end sind also wie eine Klammer um mehrere Anweisungen herum zu verstehen.

Funktionen und Prozeduren

Die Deklaration haben wir bereits kennengelernt. Funktionen und Prozeduren liefern Ergebnisse oder arbeiten immer die gleiche Befehlsfolge mit wechselnden Werten ab. Sie bekommen eine (optionale) Parameterliste übergeben, deren Variablen **Wert**-Parameter oder **Refernz**-Parameter sein können. Der innere Aufbau von Funktionen und Prozeduren ist genauso, wie ein Hauptprogramm:

```
procedure name1 (Parameterliste);
{Deklarationsteil}
const
type
var
begin
  Anweisung1;
  {....}
end; {name1}


function name2 (Parameterliste): Wertebereich; {type z.B. real}
{Deklarationsteil}
const
type
var
begin
  Anweisung1;
```

```
{....}
name2 := Wert;
{Mit dem Funktionsnamen wird das Ergebnis nach draussen gegeben}
end; {name2}
```

Der Aufruf einer Prozedur ist eine eigene Anweisung:

```
begin {main}
  name1 (Parameterliste);
end.
```

Der Aufruf einer Funktion ist dagegen eine Wertzuweisung an eine Variable gleichen Typs, wie der Typ der Funktion:

```
var x: real;
begin {main}
  x := name2 (Parameterliste);
  {Wenn function name2 (Parameterliste): real; deklariert ist}
end.
```

Wert-Parameter: Ein Wertparameter ist im Unterprogramm UP eine eigene Variable und ein separater Speicherplatz. Ihr wird beim Aufruf nur der Wert der Variablen im aufrufenden Programm zugewiesen (von dieser kopiert). Das UP arbeitet mit der Kopie, die Variable des aufrufenden Programmes wird im UP NICHT geändert! Mit Wert-Parametern verhindert man das versehentliche Ändern von Variablen des Hauptprogramms in Unterprogrammen.

Referenz-Parameter (var-Parameter): Ein Referenzparameter ist im Unterprogramm UP keine eigene Variable. Es wird direkt mit der Variablen des aufrufenden Programms gearbeitet, da dem UP nur die Speicheradresse übergeben wird. Das UP verwendet daher das Original des aufrufenden Programmes. Die Variable des aufrufenden Programmes wird im UP bei allen Operationen geändert! Referenzparameter also nur verwenden, wenn genau das gewünscht wird.

Funktionen

```
function name (optionale Parameterliste): typ;
begin
end;
```

Beispiel:

```
function name (x1, x2, x3: double): double;
{Aufruf:}
Wert := name (a,b,c);
```

Egal, was mit x1, x2 und x3 in der Funktion geschieht, a, b, c werden nicht verändert.

Eine Funktion sollte genau ein Ergebnis liefern. Daher sollten ausschließlich Wertparameter übergeben werden. Die Verwendung von Referenzparametern ist zwar zulässig, aber verpönt und wird als Funktion mit Nebenwirkung bezeichnet. Das sagt wie bei Medikamenten alles. Auch sollten globale Variablen in der Funktion nicht geändert werden.

Prozeduren

```
procedure name (optionale Parameterliste);
begin
end;
```

Eine Prozedur soll verwendet werden, wenn mehrere Ergebnisse errechnet werden sollen oder die Prozedur sich wiederholende Befehlsfolgen im aufrufenden Programm abarbeiten soll. Wenn direkt Variablen des aufrufenden Programmes geändert werden sollen, verwendet man var-Parameter, wenn Werte nur Eingangswerte sind, Wertparameter. Wie in Funktionen sollten auch in Prozeduren globale Variablen nicht geändert werden.

Beispiel:

```
procedure name (x1, x2, x3: double; var x4, x5, x6: double);
{Aufruf:}
name (a,b,c,d,e,f);
```

Egal, was mit x1, x2 und x3 in der Funktion geschieht, a, b, c werden nicht verändert, auf d, e, f wird dagegen in der procedure direkt zugegriffen und die Werte werden auch im Hauptprogramm verändert.

Parameterliste

Die Parameterliste besteht aus Variablen (Wertparameter und Referenzparameter), die in beliebiger Reihenfolge im Unterprogramm deklariert werden, d.h. die Parameterliste ist bereits eine Deklaration vom Aufbau „ Variablenname: Variablentyp;". Eine separate Deklaration dieser Variablen im Unterprogrammkopf ist daher nicht erforderlich und auch zur Vermeidung versehentlicher Doppelbelegung von Namen nicht erlaubt.

Beim Aufruf eines Unterprogramms im Hauptprogramm oder einem anderen Unterprogramm muss genau die Reihenfolge der Variablen in der Deklaration eingehalten werden, weil die Zuordnung nur über die Reihenfolge in der Liste erfolgt. An jeder Stelle der Parameterliste im aufrufenden Programm muss daher auch eine Variable gleichen Typs stehen, wie dieser im Unterprogramm deklariert wurde, sonst wird dies bereits vom Compiler erkannt und abgelehnt. Eine versehentliche Verwechselung der Reihenfolge bei Variablen gleichen Typs kann der Compiler dagegen nicht erkennen, daher sollte man sich bereits bei der Parameterliste Gedanken über eine einigermaßen logische und verständliche Reihenfolge machen. Bitte also nicht „Kraut-und-Rüben" oder alphabetisch sortieren, auch wenn das erlaubt ist.

Beispiel:

```
procedure name (x1, x2, x3: double; var x4, x5, x6: double;
                var fehler: boolean; var fehlermeldung: string);
{Korrekter Aufruf, wenn a bis f vom Typ double,}
{error vom Typ boolean und errortext vom Typ string ist:}
name (a, b, c, d, e, f, error, errortext);
{Inkorrekter Aufruf, den der Compiler wegen Typkonflikts erkennt:}
name (a, b, c, d, e, f, errortext, error);
{Moeglicherweise inkorrekter Aufruf, den der Compiler nicht erkennt:}
name (a, b, c, d, f, e, error, errortext);
```

Vordefinierte Funktionen

Einige grundlegende mathematische Funktionen sind in Pascal vordefiniert, andere muss man sich ggf. aus diesen selbst zusammenstellen. Vordeklariert sind:

Das Quadrat des Wertes (square):

```
y := sqr(x);
```

Die Quadratwurzel des Wertes (square root):

```
y := sqrt(x);
```

Die Exponentialfunktion (Basis e):

```
y := exp(x);
```

Der natürliche Logarithmus:

```
y := ln(x);
```

Der Sinus:

```
y := sin(x);
```

Der Cosinus:

```
y := cos(x);
```

Der Arcustangens:

```
y := arctan(x);
```

Der absolute Betrag des Wertes:

```
y := abs(x);
```

Die ganzzahlige Division mit Rest (i, j, k, l sin integer):

```
k := i div j;
l := i mod j;
```

Für i = 11, j = 4 ist also k = 2 (div) und l = 3 (Rest).

Logische Operatoren

Auch logische Ausdrücke können in Pascal berechnet werden und einer Bool'schen Variablen zugeordnet werden. Dabei können logische Operatoren (and, or und not) sowie mathematische Operatoren für Vergleiche ($<$, $<=$, $>$, $>=$ und $=$) verwendet werden. Einige Beispiele:

```
program testboolean (input, output);
var i, j: integer;
    x1, x2: real;
    wahroderfalsch: boolean;
begin
  i := 2;
  j := 1;
  x1 := 13/3;
  x2 := 16/5;
  wahroderfalsch := x1 <= x2; writeln (wahroderfalsch);
  wahroderfalsch := i > j; writeln (wahroderfalsch);
  wahroderfalsch := (x1 < x2) or (i >=j); writeln (wahroderfalsch);
  wahroderfalsch := (x1 < x2) and (i >=j); writeln (wahroderfalsch);
  wahroderfalsch := not (i >=j) and (x1 < x2);
  writeln (wahroderfalsch);
  wahroderfalsch := not ((i >=j) and (x1 < x2));
  writeln (wahroderfalsch);
end.
```

Dieses Programm erzeugt die Ausgabe am Bildschirm:

```
FALSE
TRUE
TRUE
FALSE
```

```
FALSE
TRUE
```

Bitte beachten Sie:

- Der Operator or (logisches oder) erzeugt nur dann false, wenn beide Terme false sind. Ist nur einer der beiden oder beide true, ist das Ergebnis true.
- Der Operator and (logisches und) erzeugt nur dann true, wenn beide Terme true sind. Ist nur einer der beiden oder beide false, ist das Ergebnis false.
- Der Operator not (logisches nicht) dreht false in true und true in false. Er ist „stärker" als or oder and, wird also in der Rangfolge als erstes auf den nächststehenden Term angewendet (dies entspricht der Punkt vor Strich Regel). Will man das Ergebnis des gesamten Ausdrucks umdrehen, muss man also Klammern setzen (siehe letzter Ausdruck).

Schreiben auf output und Lesen von input

Bildschirmausgaben während das Programm läuft sind wichtig, um als Nutzer über das informiert zu sein, was das Programm gerade macht. Ohne genügend viele Schreibanweisungen weiß man manchmal nicht, ob das Programm noch in einer komplizierten Berechnung steckt oder sich „aufgehängt" hat, weil versehentlich eine unendliche Schleife programmiert wurde (siehe Schleifen). Hierzu existieren zwei Standardprozeduren: write(); und writeln();

- write (); Schreibt den Inhalt der Parameterliste in der Klammer auf den Bildschirm
- writeln (); Schreibt den Inhalt der Parameterliste in der Klammer auf den Bildschirm und macht danach einen Zeilenumbruch, wie die Return-Taste: Auf der guten alten Schreibmaschine war das der große Hebel „carriage return line feed" also zurück zur ersten Spalte und eine Zeile runter. Daher hat die Return-Taste auch ihren Namen und das Pfeilsymbol.

Manche Variablen sollen direkt vom Nutzer eingegeben werden, hierzu gibt es zwei Lesebefehle, read(); und readln();

- read (); Liest das nächste Zeichen oder die nächste Zahl aus dem Eingabepufferspeicher (früher war das ein Stapel Lochkarten: Standen mehrere Zahlen auf einer Karte wurde diese erst komplett gelesen bis die nächste Lochkarte dran war).
- readln (); Liest das nächste Zeichen oder die nächste Zahl aus dem Eingabepufferspeicher und erwartet ein Return nach der Eingabe um den Abschluss der Eingabe zu kennzeichen (früher hieß das: Die aktuelle Lochkarte wird unabhängig von weiteren Zahlen darauf nicht mehr weiter gelesen, sondern die nächste Karte verwendet).

Der Unterschied zwischen beiden Befehlen wird eigentlich erst klar, wenn man die Historie mit den Lochkarten ansieht: readln hat die nächste Karte angefordert, read nicht unbedingt. Bei Tastatureingaben muss man aber sowieso immer das Ende der Eingabe mit der Return-Taste bestätigen, sonst kann der Computer ja nicht wissen, ob noch eine weitere Stelle einer Zahl folgt oder nicht: Egal ob read oder readln, die Eingabe wird mit return bestätigt. Es gibt zwar ein paar Unterschiede beim Einlesen von Zeichen und Zeichenketten (strings), die Erläuterung würde aber an dieser Stelle zu weit führen, denn wir werden ja kein Textverarbeitungsprogramm schreiben. Wir werden bei Texten die Erweiterungen von FreePascal nutzen.

Parameterliste bei write () und writeln ()

Innerhalb der beiden runden Klammern wird bei write bzw. writeln angegeben, was ausgegeben wird und in welchem Format. Es können beliebig viele Elemente hintereinander, durch Komma getrennt, ausgegeben werden. Wird dabei das Zeilenende des Bildschirms erreicht, macht das Betriebssystem automatisch den Zeilenumbruch.

Text und String: Ein auszugebender Text (string) wird zwischen zwei einfachen Hochkommas angegeben. Auf deutschen Tatstaturen finden Sie dieses Zeichen über dem Doppelkreuz (hash) # . Die Anweisungen

```
writeln ('Pascal');
writeln ('Pas', 'cal');
writeln ('P', 'a', 's', 'c', 'a', 'l');
write ('Pas'); writeln ('cal');
```

erzeugen vier identische Zeilen mit dem Wort Pascal.

Ganze Zahlen (integer): Integer-Variablen werden in voller notwendiger Länge mit Vorzeichen ausgegeben. Will man bei der Ausgabe die Anordnung ändern kann man auch den Platzbedarf als Stellenzahl hinter einem Doppelpunkt : festlegen. Ist die Zahl größer als der angegebene Platz, wird sie trotzdem vollständig ausgegeben. Die Anweisungen

```
i := 10;
writeln ('i = ', i);
writeln ('i = ', i:1);
writeln ('i = ', i:10);
```

erzeugen die Ausgabe

```
i = 10
```

```
i = 10
i =           10
```

Reelle Zahlen (real oder double): Reelle Zahlen werden standardmäßig im wissenschaftlichen Format ausgegeben (1.234567000E-001 statt 0.1234567). Will man das nicht, kann man auch den gesamten Platz der Zahl (inklusive des Komma- und Vorzeichens) hinter einem ersten Doppelpunkt und die Zahl der Nachkommastellen hinter einem zweiten Doppelpunkt angeben. Die Anweisungen

```
pi := 3.14159;
x := -0.15;
writeln ('pi = ', pi);
writeln ('pi = ', pi:3:1);
writeln ('pi = ', pi:10:8);
writeln ('x  = ', x);
writeln ('x  = ', x:5:2);
```

erzeugen die Ausgabe

```
pi =  3.14159000000000E+000
pi = 3.1
pi = 3.14159000
x  = -1.50000000000000E-001
x  = -0.15
```

Schreiben in eine Datei und Lesen aus einer Datei auf der Festplatte

Eine write- oder read-Anweisung ohne zusätzliche Angabe einer Datei wie oben wird automatisch auf die Standarddatei output des Betriebssystems (heute der Bildschirm, früher der Drucker) gelenkt bzw. von der Standarddatei input (heute Tastatur, früher der Lochkartenleser) abgeholt. Man kann Ausgaben natürlich auch in Dateien auf der Festplatte schreiben oder Daten aus Dateien der Festplatte abholen. Schließlich wollen Sie Berechnungsergebnisse ja nicht vom Bildschirm abschreiben müssen. Die Codierung erfolgt binär oder im ASCII-Code, je nach gewähltem (deklariertem) Dateityp.

In der Parameterliste der read- oder write-Anweisung muss dazu nur der programminterne Name der Datei als erster Parameter genannt werden, damit Aus- oder Eingabe umgelenkt werden und nicht mehr auf die Standarddateien gehen (auch nicht simultan auf output). Die Anweisung

```
writeln (dateiname, 'pi = ', pi:10:8);
```

schreibt eine der Zeilen oben also nicht mehr auf den Bildschirm, sondern in eine zuvor deklarierte Festplattendatei vom Typ text.

Vor der Verwendung muss das Programm allerdings den programminternen Namen (oben: dateiname) mit einem existierenden Namen (bei read) oder einem zu erstellenden Namen (bei write) des Betriebssystems verbinden. Das geschieht mit der assign-Anweisung. Außerdem muss eine Datei durch reset zum Lesen oder durch rewrite zum Schreiben geöffnet werden. Der Lese-/Schreibezeiger steht dann jeweils am Anfang der Datei.

Am Ende eines Programms müssen Dateien, die beschrieben wurden, mit close geschlossen werden. Dabei wird das normalerweise nicht sichtbare Zeichen eof (end of file) an das Ende der Datei gesetzt. Eine zum Lesen geöffnete Datei muss nicht zwingend geschlossen werden, das übernimmt normalerweise das Betriebssystem bei Programmbeendung. Läuft das Programm aber im Hintergrund weiter, sollte die Datei dennoch mit close geschlossen werden, denn sonst ist sie für die Benutzung (z.B. durch einen Editor) blockiert.

ACHTUNG: Sobald eine bereits existierende Datei des Betriebssystems mit rewrite geöffnet wird, ist der frühere Inhalt unrettbar verloren! Die Datei ist danach erst mal leer. Versucht man dagegen eine nicht existierende Datei mit reset zum Lesen zu öffnen, erzeugt dies einen Laufzeitfehler. Beim Lesen einer existierenden Datei wird außerdem ein Laufzeitfehler erzeugt, wenn das Zeichen eof erreicht wird. Wo sollen dann auch Zahlen oder Zeichen herkommen?

Ein kleines Beispiel zeigt die Verwendung samt Eingabeprüfung. Es werden zwar bereits Schleifen verwendet (siehe weiter unten), es sollte aber verständlich sein, was hier gemacht wird (repeat until und while-Schleife):

```
program testedatei (input, output);
const pi = 3.14159;
var textdatei: text;
    binaerdatei: file of real;
    r1, r2, d1, d2, A1, A2, J1, J2: real;
    i: integer;
begin
  assign (textdatei, 'DATEI1.TXT');
  assign (binaerdatei, 'DATEI1.BIN');
  rewrite (textdatei);
  rewrite (binaerdatei);
  i := 0;
  repeat
    i := i+1;
    write ('Bitte den Radius in m (> 0 !) eingeben: r1 = ');
```

```
    readln (r1);
     if (r1 <= 0) then
        if (i <= 3) then writeln ('Hahaha, sehr witzig!')
        else writeln ('Was, bitte, ist an > 0 ! nicht verstaendlich??');
   until r1 > 0;
   d1 := 2*r1;
   A1 := pi * sqr(r1);
   J1 := pi / 4 *sqr(sqr(r1));
   writeln (textdatei, 'Die eingegebenen Daten des Kreises');
   writeln (textdatei, 'Radius r1 = ', r1:5:2, 'm');
   writeln (textdatei, 'Durchmesser d1 = ', d1:5:2, 'm');
   writeln (textdatei, 'Flaeche A1 = ', A1:5:2, 'm2');
   writeln (textdatei, 'Flaechentraegheitsmoment J1 = ',J1:5:2,'m4');
   close (textdatei);

   write (binaerdatei, r1);
   write (binaerdatei, d1);
   write (binaerdatei, A1);
   write (binaerdatei, J1);
   close (binaerdatei);

   reset (binaerdatei);
   while not eof (binaerdatei) do
     read (binaerdatei, r2, d2, A2, J2);

   writeln ('Die in der Binaerdatei gespeicherten Daten des Kreises:');
   writeln ('Radius r2 = ', r2:5:2 'm'));
   writeln ('Durchmesser d2 = ', d2:5:2, 'm'));
   writeln ('Flaeche A2 = ', A2:5:2, 'm2'));
   writeln ('Flaechentraegheitsmoment J2 = ', J2:5:2, 'm4'));
   write ('Waiting for your RETURN...'); readln;
end.
```

Kommentare

Kommentare im Quelltext werden vom Compiler ignoriert und dienen ausschließlich dem Programmierer und Leser des Quelltextes zur Information. Dementsprechend sollten sie auch verständlich formuliert sein. Ein Kommentar wird in Pascal mit einer geschweiften Klammer auf { eingeleitet und mit einer geschweiften Klammer zu } abgeschlossen. Jedes einzelne Zeichen dazwischen, natürlich mit Ausnahme von }, sollte ignoriert werden, auch ein weiteres {. Leider hat der verwendete FPC-Compiler hier aber ein kleines Problem, weil im Falle eines auskommentierten Kommentars, wie z.B.

```
{procedure writeareasetup;
begin
  writeln ('Flow area, flow00:  ', flow00.area:8:5, ' m2');
  writeln ('Flow area, flow01:  ', flow01.area:8:5, ' m2');
  writeln ('Flow area, flow02:  ', flow02.area:8:5, ' m2');
  writeln ('Flow area, flow03:  ', flow03.area:8:5, ' m2');
  writeln ('Flow area, flow04:  ', flow04.area:8:5, ' m2');
  writeln ('Flow area, flow05:  ', flow05.area:8:5, ' m2');
  writeln ('Flow area, flowca1: ', flowca1.area:8:5, ' m2');
  writeln ('Flow area, flowca2: ', flowca2.area:8:5, ' m2');
end; {writeareasetup}
```

Fehlermeldungen kommen, wie beispielsweise:

```
TstMod04.pas(970) Fatal: Unexpected end of file
TstMod04.pas(0) Fatal: Compliation aborted
```

Grund ist die auskommentierte geschweifte Klammer auf: { ... {writeareasetup}. Löscht man diese, tritt dieser Fehler auch nicht auf.

Im Programmquelltext sollten grundsätzlich englische Kommentare verwendet werden, denn Kommentare sind nicht nur für einen selbst, sondern vor allem auch für andere gedacht:

1. Es gibt wohl kaum einen Programmierer, der nicht wenigstens ein bisschen Englisch spricht. Deutsch ist nicht soo verbreitet...
2. Einige Compiler haben mit Sonderzeichen (Umlaute, Scharfe S) ihre liebe Mühe, weil sie als Steuerbefehl benutzt werden.
3. Die standard Identifier (z.B. for, begin, end, write, etc.) sind in allen Programmiersprachen englisch. Ein rein englischer Text ist daher besser verständlich als ein Mischmasch aus mehreren Sprachen.

Mit Kommentaren im Quelltext des Programmes sollte grundsätzlich nicht gespart werden. Die Kommentare sollten so formuliert sein, dass sie auch in der Programm- bzw. Unterprogrammdokumentation übernommen werden können. Nichtssagende Kommentare sind jedoch zu unterlassen.

Beispiel für einen hilfreichen und sinnvollen Kommentar

```
procedure flowmixingnew (flowin1, flowin2: flow; var flowout: flow);
{High velocity adiabatic mixing of flowin2 to flowin1. Both flows
are mixed, assuming that the flow with the higher pressure is
throtteled to the lower pressure.
```

```
-> method: flowout has either the pressure of flowin1 or flowin2,
whatever is the lower one. Enthalpy is influenced by temperature
and by velocity -> iteration}
```

Dieser Kommentar kann auch in die Programmdokumentation als Funktionsbeschreibung übernommen werden.

Beispiele für wenig hilfreiche und/oder nichtssagende Kommentare

```
{Achtung!!!!!!!!}
```

```
{TEST   TEST   TEST   TEST}
```

Nichtssagend ist ein Kommentar genau dann, wenn man nicht dazu sagt, *worauf* man aufpassen muss oder *was* getestet wird.

Schleifen

In Pascal sind drei Schleifentypen definiert:

1. Die Zählschleife oder for-Schleife,
2. die repeat-until-Schleife,
3. die while-Schleife.

Die Zählschleife

Die Zählschleife wird eine bestimmte Zahl mal durchlaufen. Eine zählbare Variable (integer oder Aufzählungsvariable) durchläuft alle (!) Werte zwischen einem Anfangswert und einem Endwert, die genau in einer bestimmten Reihenfolge angeordnet sind. Liegt der Anfangswert in der Reihenfolge über dem Endwert, wird die Schleife nicht durchlaufen:

```pascal
program forschleife (input, output);
type ampeltyp = (Rot, Gelbrot, Gruen, Gelb);
var i: integer;
    ampel: ampeltyp;
begin
  for i := 2 to 11 do
  begin
  {...}
  end;
  for ampel := Rot to Gelb do
  begin
  {...}
  end;
```

```pascal
  for ampel := Gruen to Rot do
  begin
  {...}
  end;
end.
```

Die erste Schleife wird mit den Werten 2 bis 11 zehnmal durchlaufen, die zweite
Schleife viermal, die dritte Schleife wird nicht ausgeführt. Wenn man bei der dritten Schleife tatsächlich herunterzählen wollte, geht das in Pascal mit der **down-
to**-Variante der for-Schleife:

```pascal
program forschleife (input, output);
type ampeltyp = (Rot, Gelbrot, Gruen, Gelb);
var i: integer;
    ampel: ampeltyp;
begin
  for ampel := Gruen downto Rot do
  begin
  {...}
  end;
end.
```

Diese Schleife würde der Reihe nach drei mal durchlaufen.

Die repeat-until-Schleife

Die repeat-until-Schleife wird mindestens einmal durchlaufen, bevor das Abbruchkriterium zum ersten mal geprüft wird. Vor dem until muss das Abbruchkriterium als Wahrheitswert (boolean) neu berechnet oder direkt nach until (vor dem
Strichpunkt) berechnet werden:

```pascal
program repeatschleife (input, output);
type ampeltyp = (Rot, Gelbrot, Gruen, Gelb);
var i: integer;
    ampel: ampeltyp;
    fahren: boolean;
begin
  fahren := false;
  ampel := Rot;
  repeat
    {...}
    if (Bedingung) then ampel := Gruen;
    if (ampel = Gruen) then fahren := true;
  until fahren;
```

```
  {oder kuerzer}
  ampel := Rot;
  repeat
    {...}
    if (Bedingung) then ampel := Gruen;
  until ampel = Gruen;
end.
```

Es ist unbedingt darauf zu achten, dass der geprüfte Wahrheitswert zum Abbruch auch erreicht wird, also true wird, sonst entsteht eine unendliche Schleife:

```
  repeat
    {...}
  until false;
```

Die while-Schleife

Die while-Schleife wird im Gegensatz zur repeat-until-Schleife erst nach der ersten Abprüfung des Abbruchkriteriums durchlaufen. Ist das Abbruchkriterium bereits beim ersten Mal erfüllt, wird die Schleife gar nicht ausgeführt, während sie bei repeat-until auch dann durchlaufen wird, wenn das Kriterium bereits zu Beginn vorliegt.

```
program whileschleife (input, output);
type ampeltyp = (Rot, Gelbrot, Gruen, Gelb);
var i: integer;
    ampel: ampeltyp;
begin
  ampel := Rot;
  while ampel = Rot do
  begin
    {...}
    if (Bedingung) then ampel := Gruen;
  end;
```

Vergleichen Sie folgende Bedingungen und Schleifen. Welche funktioniert nicht?

```
program whileschleife (input, output);
var i: integer;
    x, y: double;
begin
  i := {...};
  while i <> 0 do
  begin
    {...}
```

```
  x := y/i;
  i := {...};
end;
{...}
i := {...};
repeat
  {...}
  i := {...};
  x := y/i;
until i := 0;
```

Fallunterscheidungen

Auch bei Fallunterscheidungen gibt es drei Varianten: Die **einseitige Fallunterscheidung**

```
if (Bedingung) then
begin
  {...}
end;
```

wird nur bei erfüllter Bedingung ausgeführt. Ergibt die Bedingung false, wird der Programmteil nicht ausgeführt. Bei der **zweiseitigen Fallunterscheidung**

```
if (Bedingung) then
begin
  {...}
end
else
begin
  {...}
end;
```

wird bei Bedingung = true der erste Teil ausgeführt, bei Bedingung = false der zweite Teil. Die **mehrseitige Fallunterscheidung (case-Anweisung)** sollte nur dann verwendet werden, wenn ALLE möglichen Variablenwerte aufgezählt werden können:

```
program caseanweisung (input, output);
type ampeltyp = (Rot, Gelbrot, Gruen, Gelb);
var i: integer;
    ampel: ampeltyp;
begin
```

```
ampel := {...};
case ampel of
  Rot: {...};
  Gelbrot: {...};
  Gruen: {...};
  Gelb: {...};
end;{case}
```

Dies wäre eine sichere Verwendung, denn die Ampel steht auf irgendeinem Wert. Im Gegensatz hierzu ist die Verwendung von case in folgendem Fall aber nicht ratsam:

```
program caseanweisung (input, output);
type ampeltyp = (Rot, Gelbrot, Gruen, Gelb);
var i: integer;
    ampel: ampeltyp;
begin
  i := {...};
  case i of
    1: {...};
    2: {...};
    3: {...};
    4: {...};
  end;{case}
```

Wenn i irgend einen anderen als die aufgezählten Werte besitzt, wird keine Anweisung ausgeführt. Das kann zwar gewollt sein, in vielen Fällen führt es aber zu Fehlern, insbesondere wenn auch in den case-Anweisungen der Wert der Variable (hier i) geändert wird, wenn die case Anweisung z.B. in einer Schleife mit Abruchkriterium auf dem Wert von i steht. In diesem Fall wird der Wert nicht mehr geändert und die Schleife ist unendlich.

Standard-Pascal kennt kein else für die case-Anweisung, einige Pascaldialekte schon. Trotzdem sollte man dessen Verwendung vermeiden, was immer durch vorherige Prüfung (if) möglich ist.

Dies waren bereits die wichtigsten Anweisungen und Deklarationen, auch wenn Pascal im Prinzip noch viel mehr bietet, z.B. pointer, ganz zu schweigen von Object-Pascal. Wir können aber bereits mit diesen wenigen Informationen ein funktionierendes Performanceprogramm erstellen. Hierzu ist natürlich Übung erforderlich! Learning by doing ist die Devise.

6 Dokumentation

Unabhängig davon, in welcher Programmiersprache wir arbeiten, jedes Programm muss bereits aus Qualitätssicherungsgründen, aber vor allem auch bei der Verfolgung von Programmversionen sauber dokumentiert werden. Diese Aufgabe erfüllen wir, indem wir

1. die Struktur des Hauptprogrammes und die benötigten Unterprogramme (procedure, function) beschreiben,
2. für jedes Unterprogramm ebenfalls seine Aufgabe (Funktionsbeschreibung), die nötigen I/Os sowie die physikalischen Berechnungen festhalten,
3. die verwendeten und im Hauptprogramm deklarierten globalen Variablen nennen,
4. und den Quellcode dokumentieren.

Eine feste Vorgabe existiert im Prinzip nicht, aber es ist ratsam bestimmte Mindestanforderungen zu erfüllen. Im Grunde gehören die folgenden Informationen auf jeden Fall in die Dokumentation.

Die wichtigste Grundregel lautet:
Der Quelltext eines Programmes ist zur Dokumentation nicht ausreichend. Er ist aber wichtiger Teil der Dokumentation und wird versioniert.

Mindestanforderungen anhand des Beispiels ad_turbine

Die Dokumentation sollte während der Programmerstellung fortlaufend aktualisiert werden. Anhand eines Beispiels, dem Unterprogramm zur Berechnung einer adiabaten Turbine, soll das Vorgehen hier kurz demonstriert werden. Noch offene Punkte sollten in der Dokumentation ebenfalls erwähnt werden, damit sicher gestellt ist, dass sie am Ende noch abgearbeitet werden und nicht in Vergessenheit geraten. Das geht schneller als man denkt.

1. WER, WANN, WAS

Hinweis: Diese Angaben sollten sinnvollerweise auch als Kommentar in den Quelltext geschrieben werden! Zur Erinnerung: Kommentare in Pascal sind in geschweiften Klammern { TEXT }.

- Identifikation: Name des Autors/Name der Autorin:
- Datum der Änderung (d.h. Inkrafttreten):
- Versionsnummer:

Beschreibung der Aufgabe des Unterprogrammes:
Die Prozedur ad_turbine soll aus dem von außen vorgegebenen Austrittsdruck

und den ebenfalls von außen vorgegebenen Werten Eintrittsmassenstrom, Eintrittstemperatur sowie den Referenzmaschinendaten den Eintrittsdruck berechnen und über Kühlluftstrom und Eintrittsstrom an das Hauptprogramm zurückgeben. Der thermodynamische Zustand am Eintritt wird dann neu bestimmt. Kühlluftstrom und Eintrittsstrom werden nach der Neuberechnung zum thermodynamischen Mischzustand (MIX) adiabat gemischt. Mit Hilfe der Ein- und Austrittsbedingungen wird der Turbinenwirkungsgrad ermittelt und die adiabat reibungsbehaftete Expansion aus dem Mischzustand berechnet. Mit der Austrittstemperatur wird dann der Austrittszustand thermodynamisch neu ermittelt und die spezifische Arbeit bestimmt.

Beschreibung, was gegenüber der vorherigen Version geändert wurde:
(Erste Version)

2. Der Name des Unterprogrammes und die Übergabeparameter, sortiert nach Wertparametern und Referenzparametern

```
procedure ad_turbine (speed: double;  var is_eff, work: double;
                      var flowca, flowmix, flowin, flowout: flow);
```

Wertparameter:

- speed: Aktuelle Wellendrehzahl (Hz)

Referenzparameter:

- is_eff: Isentroper Turbinenwirkungsgrad (-)
- work: Spezifische technische Arbeit (J/kg)
- flowca: Kühlluftstrom Turbine
- flowmix: Eintretender Massenstrom, thermodynamische Mischbedingungen am Turbineneintritt
- flowin: Eintretender Massenstrom, tatsächliche Bedingungen am Turbineneintritt
- flowout: Austretender Massenstrom, tatsächliche Bedingungen am Turbinenaustritt

3. Benötigte und verwendete globale Variablen des Hauptprogramms

(Anmerkung: Globale Variablen sollten in Unterprogrammen grundsätzlich nur verwendet, nicht aber verändert werden, d.h. wie ein Wertparameter behandelt werden. Wenn in einem Unterprogramm eine globale Variable verändert werden soll, dann sollte immer eine reguläre Übergabe über die Parameterliste an das Unterprogramm erfolgen.)

Werte zur Berechnung der Schluckfähigkeit und zur Berechnung des isentropen Wirkungsgrades aus den Auslegungsdaten (reference conditions):

- p1_tur_ref (Pa)
- T1_tur_ref (K)
- m_tur_ref (kg/s)
- speed_ref (Hz)
- eta_tur_ref (-)
- A_Star (m^2)

4. Input-Werte des Unterprogrammes

- flowout.press: Austrittsdruck der Turbine, wird von der Umgebung, Exhaust system und Diffusor vorgegeben.
- flowin: Alle Daten, bis auf Eintrittsdruck, Dichte, Geschwindigkeit und Entropie.
- speed: Aktuelle Wellendrehzahl.
- flow_ca: Kühlluftstrom (Muss noch geprüft werden, ob Dichte, Geschwindigkeit und Entropie zurückgegeben werden müssen).

5. Output-Werte des Unterprogrammes

- flowout: Alle Daten bis auf Austrittsdruck der Turbine.
- flowin: Eintrittsdruck, Dichte, Geschwindigkeit und Entropie.
- flowca: Eintrittsdruck.
- flowmix: Thermodynamischer Mischzustand, wird vollständig an das HP zurückgegeben.
- is_eff: Aktueller isentroper Wirkungsgrad.
- work: Aktuelle technische Arbeit

6. Regelgrößen, wenn Iterationen auf Zielwerte erfolgen

(Im Beispiel ad_turbine sind keine Regelgrößen, alle Werte werden aus Inputwerten und globalen Variablen bestimmt.)

7. Benötigte andere Unterprogramme

- flowmixingnew (flowin, flowca, flowmix);
- isentr_eff(eta_tur_ref, nstar, phi);

8. Physikalische Berechnungen

Turbineneintrittsdruck Bei überkritischer Anströmmenge mit der Schluckfähigkeit aus dem engsten Querschnitt der ersten Leitreihe (1 und 2 sind die Zustände vor bzw. nach der Turbine):

$$m_{\text{crit}} = \frac{\kappa + 1}{2} p_2 A^* \sqrt{\frac{\kappa}{RT_1}}$$

$$\pi_{\text{crit}} = \left(\frac{\kappa + 1}{2}\right)^{\frac{\kappa}{\kappa - 1}}$$

if flowin.mflow $\leq$ m$_{crit}$ then

$$p_1 = p_2 \left(1 + \frac{m_1}{m_{crit}(\pi_{crit} - 1)} \right)$$

else

$$p_1 = p_{1,tur,ref} \sqrt{T_1/T_{1,tur,ref}}\, m_1/m_{tur,ref}$$

Eintrittsmachzahl aus der Definition:

$$M_1 = \frac{c_1}{\sqrt{\kappa R T_1}}$$

Austrittstemperatur aus der Definition:

$$T_2 = T_{Mix} \left\{ 1 - \eta_{is} \left[1 - (p_2/p_1)^{(\kappa-1)/\kappa} \right] \right\}$$

Andere Zustandsgrößen werden aus den thermodynamischen Beziehungen für ideale Gas berechnet.

9. Offene Punkte

- flow_ca: Kühlluftstrom: Es muss noch geprüft werden, ob Dichte, Geschwindigkeit und Entropie parallel zum Druck angepasst werden müssen, oder ob dies in pressure_loss_element geschieht.

10. Pascal-Quellcode

```
procedure ad_turbine (speed: double;  var is_eff, work: double;
                      var flowca, flowmix, flowin, flowout: flow);

{flowout.pressure and all data of flowin besides flowin.pressure
  is input}

var M1, M2, Mca, T1, T2, p1, p2, A1, A2, c1, c2, kap1, kapmix,
    m_crit, pi_crit, nstar, phi: double;

begin
  {Use local variables (shorter eqns.!!!)}
  A1 := flowin.area;
  A2 := flowout.area;
  p1 := flowin.press;
  p2 := flowout.press;
  T1 := flowin.temp;
```

```pascal
kap1 := flowin.kappa;
{Check for pressures}
if p1 < p2 then
begin
  writeln ('WARNING: Inlet pressure less than outlet pressure '
           ,'in ad_turbine !!!!');
  write ('Continue (y/n)?  ');
  readln (ch);
  if (ch = 'n') or (ch = 'N') then stepout (' ad_turbine');
end;
{Step 1: Calculate inlet pressure from flow capacity}
m_crit := (kap1+1)/2 * p2*A_Star * sqrt(kap1/(flowin.gascon*T1));
pi_crit := exp(kap1/(kap1-1)*ln((kap1+1)/2));
if flowin.mflow <= m_crit then
  p1 := p2*(1 + flowin.mflow/m_crit*(pi_crit-1))
else
  p1 := p1_tur_ref * sqrt(T1/T1_tur_ref) * flowin.mflow/m_tur_ref;
flowin.press := p1;
flowca.press := p1;
flowin.dens  := p1/(flowin.temp*flowin.gascon);
flowin.veloc := flowin.mflow/(flowin.dens*flowin.area);
M1 := flowin.veloc/sqrt(flowin.kappa*flowin.gascon*flowin.temp);
flowin.entr := flowin.gascon*(kap1/(kap1-1)*ln(T1/T0)
                                         - ln(p1/p0));

{Step 2: Create mixing flow}
flowmix := flowin;
flowmixing (flowin, flowca, flowmix);
T_Mix := flowmix.temp;
kapmix := flowmix.kappa;

{Step 3: Adiabatic expansion}
phi := sqrt(T1/T1_tur_ref);
nstar := speed/speed_ref*sqrt(T1_tur_ref/T1);
is_eff := isentr_eff(eta_tur_ref, nstar, phi);

T2 := T_Mix*(1 - is_eff*(1 - exp((kapmix-1)/kapmix*ln(p2/p1))));

{Step 4: Calculate turbine exit flow data}
flowout := flowmix; {flow composition, gas constant,
                     massflow are now correct}
```

```pascal
  flowout.press := p2; {Reset given values}
  flowout.area := A2;
  flowout.temp := T2;
  flowout.enth := flowout.cp*(T2 - T0);
  flowout.dens  := p2/(T2*flowout.gascon);
  flowout.veloc := flowout.mflow/(flowout.dens*flowout.area);
  M2 := flowout.veloc/sqrt(flowout.kappa*flowout.gascon*flowout.temp);
  flowout.entr := flowout.gascon*(kapmix/(kapmix-1)*ln(T2/T0)
                                        - ln(p2/p0));
  {Calculate specific work of turbine}
  work := flowout.enth-flowmix.enth
          + 0.5*(sqr(flowout.veloc)+sqr(flowmix.veloc));


  writeln ('TUR: Inlet pressure = ', p1/1e5:5:2, ' bar');
  writeln ('TUR: Outlet pressure = ', p2/1e5:5:2, ' bar');
  writeln ('TUR: Turbine inlet temperature T1 = ', T1:7:1, ' K');
  writeln ('TUR: is_eff = ', is_eff:6:4);
  writeln ('TUR: Mixing temperature = ', (T_Mix-T0):7:2, 'deg C');
  writeln ('TUR: Turbine outlet temperature T2 = ',
              (T2-T0):7:2, 'deg C');
  write   ('TUR: Mixing kappa = ', kapmix:5:2); {readln;}
end; {ad_turbine}
```

Formblatt zur Dokumentation der Programme, Funktionen, Unterprogramme

1. WER, WANN, WAS

Name des Autors/Name der Autorin:

Datum der Änderung (d.h. Inkrafttreten):

Versionsnummer:

Beschreibung der Aufgabe des Unterprogrammes:

Beschreibung, was gegenüber der vorherigen Version geändert wurde:

2. Der Name des Unterprogrammes und die Übergabeparameter, sortiert nach Wertparametern und Referenzparametern

```
procedure name (Parameterliste);
```

Wertparameter:

Referenzparameter:

3. Benötigte und verwendete globale Variablen des Hauptprogramms

(Anmerkung: Globale Variablen sollten in Unterprogrammen grundsätzlich nur verwendet, nicht aber verändert werden, d.h. wie ein Wertparameter behandelt werden. Wenn in einem Unterprogramm eine globale Variable verändert werden soll, dann sollte immer eine reguläre Übergabe über die Parameterliste an das Unterprogramm erfolgen.)

Globale Variablen:

4. Input-Werte des Unterprogrammes

5. Output-Werte des Unterprogrammes

6. Regelgrößen, wenn Iterationen auf Zielwerte erfolgen

7. Benötigte andere Unterprogramme

8. Physikalische Berechnungen

9. Offene Punkte

10. Pascal-Quellcode

7 Aufbau des Gesamtmodells

Der Start und die Planungsphase

Pascal gibt uns durch seine Struktur die Möglichkeit eines klar verständlichen modularen Aufbaus des Programms. Im Hauptprogramm werden die Verbindungen der Elemente und Bauteile untereinander über die Berechnungsreihenfolge und gegebenenfalls auch iterative Berechnungsschritte festgelegt. Bei der Reihenfolge der Berechnungen geben die physikalischen Gesetze und Zusammenhänge letztlich an, dass eine Durchrechnung „von vorne nach hinten" nicht unbedingt die sinnvollste Reihenfolge ist, weil das Verhalten der Turbine und des Abgassystems auch alle Bauteile stromaufwärts beeinflusst. Wir werden daher für die einzelnen Hauptkomponenten einer Gasturbine

- Kompressor
- Kompressoraustrittsdiffusor
- Brennkammer und Heißgasgehäuse
- Turbine
- Turbinendiffusor
- SAS-System

sowie für die relevanten anderen Systeme

- Luftfilter (inlet air filter)
- Einlasskanal (inlet air duct)
- Austrittskanal (exhaust system)
- Dampferzeuger (HRSG, gasseitig)
- Kamin (stack)
- Externe Kühlluftkühler (wenn vorhanden)

einzelne Module (Prozeduren) erstellen, die klare Schnittstellen zu anderen Modulen oder Prozeduren besitzen. Die Reihenfolge ihres Aufrufs ergibt sich aus der Thermodynamik, der Gasdynamik und der Logik. Die wichtigsten Grundregeln sind:

- Der Kompressor fördert aufgrund seiner Charakteristik einen bestimmten Massenstrom in die Maschine. Diese Menge ist von den Umgebungsbedingungen (Druck, Temperatur und Feuchte), der Stellung der Vorleitreihe (VIGV) und dem Gegendruck abhängig.
- Diesen Gegendruck des Kompressors bestimmen die Turbine und die Brennkammer. Aufgrund der Heißgastemperatur vor der Turbine und des dort vorliegenden Massenstroms „staut" sich ein Druck vor der Turbine auf, der im Wesentlichen durch deren Schluckfähigkeit definiert wird.

- Die Brennkammer hat einen bestimmten Druckverlust, so dass der Druck vor der Turbine etwas kleiner ist als der entstehende Kompressorenddruck.
- Nachdem auch der Kompressorenddruck und das Kühlluftsystem die Liefermenge des Kompressors beeinflusst und diese wiederum den Turbineneintrittsdruck, muss mehrfach iteriert werden, damit alle Bauteile nach der Iteration des Brennkammerdrucks und der Ansaugmenge am gleichen Betriebspunkt berechnet werden.

Die Schnittstellen zwischen den Bauteilen bzw. Komponenten sind die verbindenden **materiellen Ströme** von Luft und von Heißgas sowie die **immateriellen Ströme** von Energie (Wärme und Leistungen), d.h. es entsteht ein hydrodynamisches und thermodynamisches Netzwerk von Komponenten, die an Knotenpunkten über die Ströme miteinander verbunden sind.

Das Netzwerk und die sich ergebende Reihenfolge der Aufrufe legen wir wie bereits erwähnt im übergeordneten Hauptprogramm fest. Ebenso definieren wir die notwendigen Datentypen unserer Ströme (welche Informationen sollen die Ströme an den Übergabestellen tragen) und natürlich alle notwendigen Einzelströme als Variablen, die Eingangs- oder Ausgangsgrößen der Komponenten darstellen. Ein einzelner Strom kann dabei für eine Komponente sowohl Eingangsgrößen (input) als auch Ausgangsgrößen (output) tragen. Beispielsweise ist der Eintrittsdruck der Turbine eine Ausgangsgröße dieser Komponente, während die Eintrittstemperatur eine Eingangsgröße ist.

Die Komponentenmodule werden wir am Anfang zunächst sehr einfach modellieren bzw. zum Testen der Funktion des Hauptprogramms sogar gar nichts tun lassen, um diese später dann Schritt für Schritt einzeln zu verbessern und in der Funktion zu erweitern. Eine solche leere Komponente kann also zu Beginn etwa so aussehen:

```
procedure tube (flowin: flow; var flowout: flow);
begin
  flowout := flowin;
end;
```

Der Aufruf von tube im Hauptprogramm

```
    tube (flow01, flow02);
```

weist dann alle Werte von flow01 dem Referenzparameter flow02 zu, ohne jegliche Änderung der Werte. Später kann man dann zum Beispiel einen Druckverlust einbauen, die Dichte neu berechnen lassen, die Geschwindigkeit usw., d.h. das Modell immer mehr verfeinern und verbessern.

Wichtige Anmerkung zu den gezeigten Komponentenmodellen

Ein solches Programm ist niemals statisch, d.h. es ist eigentlich nie wirklich fertig. Die in diesem Kapitel aufgeführten Beispiele für die einzelnen Komponenten einer Gasturbine wurden den Übungen zur Vorlesung Kraftwerkskomponentensimulation entnommen und sind keinesfalls das non-plus-ultra der Performanceberechnungsmethodik. Sie sollen nur die Prinzipien vermitteln und das im Rahmen einer Lehrveranstaltung Machbare demonstrieren. Jedes einzelne dieser Komponentenmodelle kann aber jederzeit verbessert und optimiert werden, bzw. an eine andere Form einer Charakteristik angepasst werden.

Alle Modelle sind keine fertige „Musterlösung".

Übergeordnete Konstantendeklarationen

Hierunter fallen alle Konstanten, die an mehreren Stellen im Hauptprogrammen und in Unterprogrammen benötigt werden und deren Wert überall gleich sein muss. Das können sowohl physikalische Konstanten sein, als auch für Deklarationen notwendige Größen, z.B. der Grad eines Polynoms.

```
const
     {Program internal constants}
     status_of_prog = 'V 0.00.001, 28.02.2015';
     gradepoly = 6;
     {Universal Constants}
     Gas_const_univ = 8314.462; {J/kmolK}
     DT = 273.15; {K}
     pi = 3.14159;
     {Properties of Gases}
     p0 = 1.013E5; p_ISO =1.013E5;
     T0 = 273.15; {Zero point for enthalpy and entropy (Integration)}
     Lat_heat_vapour = 2502000.0; {J/kg}
     O2_to_air_ratio = 0.2096;
     M_H2  =  2.016; {kg/kmol}
     M_C   = 12.010; {kg/kmol}
     M_O2  = 31.998; {kg/kmol}
     M_N2  = 28.0134; {kg/kmol}
     M_Ar  = 39.948; {kg/kmol}
     M_CH4 = M_C + 2*M_H2; {kg/kmol}
     M_CO  = M_C + M_O2/2; {kg/kmol}
     M_CO2 = M_C + M_O2; {kg/kmol}
     M_H2O = M_H2 + M_O2/2; {kg/kmol}
```

```
M_air_dry = 28.95839; {kg/kmol}
{Individual gas constants of ideal gases}
Ri_H2  = Gas_const_univ/M_H2; {J/kgK}
Ri_O2  = Gas_const_univ/M_O2; {J/kgK}
Ri_N2  = Gas_const_univ/M_N2; {J/kgK}
Ri_Ar  = Gas_const_univ/M_Ar; {J/kgK}
Ri_CH4 = Gas_const_univ/M_CH4; {J/kgK}
Ri_CO  = Gas_const_univ/M_CO; {J/kgK}
Ri_CO2 = Gas_const_univ/M_CO2; {J/kgK}
Ri_H2O = Gas_const_univ/M_H2O; {J/kgK}
{Absolute validity ranges of data, especially for polynomial calc}
T_min = 173.15;  T_min_stepout = 100.0;
T_max = 1673.15; T_max_stepout = 1800.0;
epsilon_P = 1e-6; {Tolerance}
```

Man beachte, dass man wie hier gezeigt Konstanten auch aus **zuvor** definierten anderen Konstanten berechnen darf.

Übergeordnete Typendeklarationen

Die mit Abstand wichtigste Typendeklaration sind die materiellen Ströme. Dabei sind folgende Fragen zu stellen und zu beantworten:

- Welche Eigenschaften der Ströme müssen unbedingt transportiert werden?
- Welche Eigenschaften der Ströme sollten aus praktischen Gründen transportiert werden (anstatt sie ständig bei Bedarf zu berechnen)?
- Sollen Ströme auch lokale Geometriedaten an der Schnittstelle beinhalten?

In die erste Kategorie fallen

- Mindestens zwei voneinander unabhängige Zustandsgrößen, z.B. Temperatur und Druck
- Die Zusammensetzung aus den möglichen Gasbestandteilen
- Energiegrößen, insbesondere kinetische Energie und potentielle Energie des Stroms

In die zweite Kategorie fallen alle Größen, die sich zwar im Prinzip immer wieder neu berechnen lassen, was aber im Allgemeinen eher umständlich ist:

- Alle anderen Zustandsgrößen, z.B. Dichte, Enthalpie, Entropie, Innere Energie, spezifisches Volumen
- Stoffwerte des Stroms aus den Zustandsgrößen und der Zusammensetzung, z.B. Gaskonstante, Wärmekapazitäten, Isentropenexponent

- Koeffizienten zur Stoffwertberechnung mittels Polynomen oder anderen Ansätzen
- Andere Eigenschaften, z.B. Viskosität

Die dritte Kategorie verhindert, dass auch die Schnittstelle (der Knotenpunkt) ein eigenes Element sein muss, dem Geometrie, Höhe usw. zugeordnet wird. Zur Berechnung der energetischen Größen ist es daher ratsam, folgende Daten dem Strom zuzuordnen:

- Strömungsquerschnittsfläche zur Berechnung der axialen (oder meridianen) Geschwindigkeit
- Strömungsrichtung, z.B. als Winkel zur axialen (meridianen) Geschwindigkeit
- Höhenlage, wenn die potentielle Energie relevant ist (was bei Gasturbinen i.d.Regel nicht der Fall ist)

Nachdem heutzutage Speicherplatz überhaupt kein Thema mehr ist, können wir die Ströme problemlos alle relevanten Daten tragen lassen und definieren die Ströme auf der Basis aller drei Kategorien. Lediglich nur sehr selten benötigte Werte schleppen wir nicht unnötig mit, das sind die Viskosität und die Höhenlage. Unsere vollständige Typendeklaration eines flow ist also:

```
type
    composition = record
                    gN2, gO2, gAr, gCO2, gH2O: double;
                  end; {record}
    poly_coeff = array [0..gradepoly] of double;
    flow = record
            mflow, temp, press, dens, enth, entr, veloc, area,
            angle, gascon, cp, cv, kappa: double;
            comp: composition;
            cpcoeff, kapcoeff, h_coeff, s_coeff: poly_coeff;
          end; {record}
```

Wenn wir zu Beginn noch kein Stoffwertmodell haben, können wir die zugehörigen Deklarationen auch zunächst auskommentieren und schalten sie erst dazu, wenn das Stoffwertmodell fertig ist. Ähnlich verfahren wir mit Größen, die noch nicht berechnet werden. Das sieht dann etwa so aus:

```
type
{   composition = record
                    gN2, gO2, gAr, gCO2, gH2O: double;
                  end;} {record}
{   poly_coeff = array [0..gradepoly] of double;}
    flow = record
```

```
              mflow, temp, press, dens, enth, entr, veloc, area,
              {angle,} gascon, cp, cv, kappa: double;
{                comp: composition;
              cpcoeff, kapcoeff, h_coeff, s_coeff: poly_coeff;}
          end; {record}
```

Übergeordnete Variablendeklarationen (Globale Variablen)

Die Liste der globalen Variablen, die auch in den Unterprogrammen benutzt werden können, erweitern wir im Laufe der Programmierung Schritt für Schritt. Zu Beginn können wir aber bereits alles deklarieren, was ohnehin mit Sicherheit benötigt werden wird. Dazu gehören die Umgebungsbedingungen der Gasturbine, je nach Zahl der geplanten Knotenpunkte eine entsprechende Zahl von Strömen (flows), die wir sinnvollerweise wie den Knotenpunkt selbst nennen, sowie andere Werte, die von globalen Interesse sind, z.B. Wirkungsgrade, Leistungen usw. Die gewählten Namen sollten eine gewisse Systematik aufweisen, damit die Berechnungen möglichst selbsterklärend sind.

```
var {Helpful everywhere usable variables}
    ch: char;
    counter, i, j, k, l: integer;

    dat, dat1, dat2: text;

    warning: boolean;

    warningtext: string;

    {Flows}
    flow00, flow01, flow02, flow03, flow04, flow05, flow06, flow07,
    flowmix, flowca1, flowca2: flow;

    fuelflow: fuel;

    {Reference data of engine at design point}
    ca_frac_ref, m_in_ref, m_tur_ref, p1_tur_ref, T1_tur_ref,
    kappa_ref, R_ref, eta_cmp_ref, eta_tur_ref, pi_ref,
    p_cmp1_ref, T_cmp2_ref, p_cmp2_ref, rho_cmp2_ref, A_star,
    zeta_airin_ref, zeta_cmb_ref, zeta_dif_ref, zeta_exh_ref,
    etapol_ca_ref, speed_ref, Area_ref, L1_ov_D1_ref, D1_ref,
    u1_ref, tan_betas1_ref, T_HG_max,
```

```
{Ambient conditions}
T_amb, RH_amb, p_amb, cp_amb, cv_amb, R_amb, kap_amb,

{Operational data}
mstar, etastar, phi, nstar,
T_Mix, T_HG, VIGV, work_t, work_c, p2, shaftspeed,
cmp_is_eff, tur_is_eff, etapol, etapol_ca, m_in, ca_fraction,
power, powerold, pt_in, pt_inold, eps, eps_p: double;
```

Struktur des Hauptprogramms

Die Struktur des Hauptprogramms ist von der Zahl der Elemente und Knoten abhängig. Dabei kann nicht einfach „von vorne nach hinten" durchgerechnet werden, denn insbesondere die Turbine hat über den aufgebauten Eintrittsdruck Auswirkungen stromaufwärts und stromabwärts, so dass die Berechnung vom Filter aus stromabwärts und vom Kamin (stack) aus stromaufwärts bis zur Brennkammer erfolgt (Abb. 7.1). Daraus ergeben sich insgesamt 9 Knotenpunkte im Hauptstrom plus die notwendigen Kühlluftströme, je nach Detaillierungsgrad. Hier wählen wir zwei Kühlluftströme, einen aus einer Zwischenentnahme am Kompressor bei niedrigem Druck (flowca1) und einen am Kompressorende (flowca2). Nach dem Kompressor gibt es zwei Ströme, flow02 ist der gesamte Kompressoraustrittsstrom, flow03 ist der Strom mit gleichem Zustand aber nach der Entnahme aller Hochdruck-Kühlluftströme zur Brennkammer und zur Turbine.

Zu Beginn werden Dateien zum Lesen und/oder Schreiben geöffnet und alle Variablen initialisiert, d.h. auf sinnvolle Werte gesetzt. Die wichtigsten Daten der Maschine (Geometrien etc.) werden aus einer externen Datei gelesen, damit man nicht immer alles neu eintippen muss. Dies wird in einem Unterprogramm namens readreferencedata realisiert. Das Festlegen der Umgebungsbedingungen soll in einer Prozedur namens ambient erfolgen. Hier kann dann entweder alles von Hand eingegeben werden oder die Werte werden aus einer Datei eingelesen. Als nächstes werden die aktuellen Betriebsbedingungen festgelegt (operation). Alle flows werden initialisiert.

```
begin   {main program}
  {Initialize all reference data}
  readreferencedata;

  ambient;
```

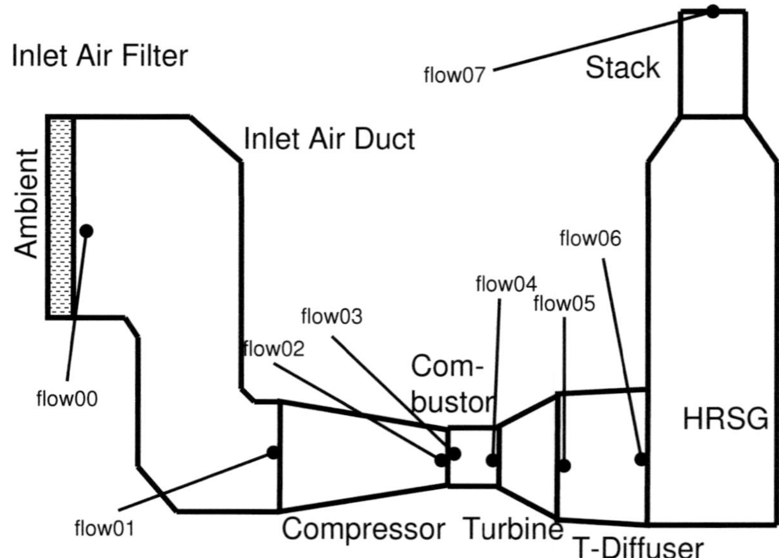

Abbildung 7.1 Ströme und Knotenpunkte des Gesamtmodells, Quelle: Autor

```
operation;

{Initialize all flows}
m_in := m_in_ref;
ca_fraction := ca_frac_ref;
flow_setup (m_in, T_amb, p_amb, R_amb, cp_amb, flow00);
flow_setup (m_in, T_amb, p_amb, R_amb, cp_amb, flow01);
inlet_air_system (zeta_airin_ref, flow00, flow01); {Inlet}
flow_setup (m_in, T_cmp2_ref, p1_tur_ref, R_amb, cp_amb, flow02);
flow_setup (m_in, T_cmp2_ref, p1_tur_ref, R_amb, cp_amb, flow03);
flow_setup (m_in, T_HG, p1_tur_ref, 296.9, 1041.0, flow04);
flow_setup (m_in, T0, p_amb, 296.9, 1041.0, flow05);
flow_setup (m_in, T0, p_amb, 296.9, 1041.0, flow06);
flow_setup (m_in, T0, p_amb, 296.9, 1041.0, flow07);
diffuser_exhaust (zeta_exh_ref, flow06, flow07); {Exhaust}
diffuser_exhaust (zeta_dif_ref, flow05, flow06); {Turbine Diffuser}
```

```
flow_setup (ca_fraction*m_in, T_amb, p1_tur_ref, R_amb, cp_amb, flowca1);
flow_setup (ca_fraction*m_in, T_amb, p1_tur_ref, R_amb, cp_amb, flowca2);

fuel_setup (5.0, fuelflow);

assign (dat, 'TEST_MODEL.DAT');
rewrite (dat); {Oeffnet eine bestehende Datei oder erstellt eine neue}
{Der Schreibe-Zeiger (Pointer) zeigt auf den ersten Speicherplatz.}
```

Jetzt beginnt die erste Berechnung: Der angesaugte Massenstrom geht durch den
Filter und das Einlassgehäuse des Verdichters. Der Strom flow00 ist also nach
Filter und vor Einlassgehäuse, der Strom flow01 ist vor Kompressor. Es beginnt
die erste Iteration der Kompressoraustrittsbedingungen. Die Zwischenergebnisse
können mittels einer Prozedur namens writeflowdata (die natürlich noch zu konzi-
pieren ist) am Bildschirm angezeigt werden, damit man während der Programmerstellung Tests durchführen kann. Solche Schreibanweisungen sehen dann z.B.
so aus:

```
writeflowdata (flow00, 'Flow00 at filter outlet');
writeflowdata (flow01, 'Flow02 at compressor inlet');
writeflowdata (flow02, 'Flow02 at compressor outlet');
```

Aus Gründen der Übersichtlichkeit wurden im folgenden Programmcode derartige
Bildschirmausgaben eliminiert. In der Programmentwicklung sind dabei beliebig
viele Schreibanweisungen hilfreich. Auch die anderen Unterprogramme müssen
noch erstellt werden, z.B. compressor, ad_turbine, combustor etc., können aber
schon einmal von ihren input/output-Variablen her definiert werden.

Der Vorgang wird zunächst einmal zur Initialisierung aller flows ausgeführt und
danach in einer Schleife mehrfach iterativ durchgeführt, bis eine gesetzte Fehler-
grenze unterschritten ist (Variablen eps und eps_p).

```
writeln ('Starting Gas Turbine Calculation: Compressor');
work_c := flow01.cp*(T_cmp2_ref - T_amb); {set to a value <> 0}
compressor (VIGV, shaftspeed, cmp_is_eff, work_c, ca_fraction,
                    flow01, flow02, flowca1, flow03);

writeln ('Starting Gas Turbine Calculation: Turbine');
ad_turbine (shaftspeed, tur_is_eff, work_t, flowca2, flowmix,
                    flow04, flow05);
diffuser_exhaust (zeta_dif_ref, flow05, flow06); {Turbine Diffuser}
diffuser_exhaust (zeta_exh_ref, flow06, flow07); {Exhaust}
```

```pascal
writeln ('Starting Gas Turbine Calculation: Combustor');
combustor (T_HG, fuelflow, flow03, flow04);

writeln ('Starting Gas Turbine Calculation: Compressor');
compressor (VIGV, shaftspeed, cmp_is_eff, work_c, ca_fraction,
                         flow01, flow02, flowca1, flow03);

writeln ('Starting Gas Turbine Calculation: Cooling Air');
pressure_loss_element (etapol_ca_ref, flowca1, flowca2);

{Starting iteration of flows}
power := 0;
pt_in := p0;

repeat
  powerold := power;
  pt_inold := pt_in;
  {Recalculate compressor inlet and turbine outlet conditions}
  inlet_air_system (zeta_airin_ref, flow00, flow01); {Inlet}
  diffuser_exhaust (zeta_exh_ref, flow06, flow07); {Exhaust}
  diffuser_exhaust (zeta_dif_ref, flow05, flow06);
                                      {Turbine Diffuser}
  {Recalculate turbine (inlet press.), combustor (outlet temp. and
   inlet press.) compressor (mass flow) and cooling air system.}
  ad_turbine (shaftspeed, tur_is_eff, work_t, flowca2, flowmix,
                    flow04, flow05);
  combustor (T_HG, fuelflow, flow03, flow04);
  compressor (VIGV, shaftspeed, cmp_is_eff, work_c, ca_fraction,
                    flow01, flow02, flowca1, flow03);
  pressure_loss_element (etapol_ca_ref, flowca1, flowca2);

  {Recalculate iteration target values (power and turbine inlet
    pressure).}
  pt_in := flow03.press;
  eps_p := abs(pt_in - pt_inold)/pt_in;
  power := work_c*flow01.mflow + work_t*flow05.mflow;
  eps := abs ((power - powerold)/power);
until (eps < epsilon_P) and (eps_p < epsilon_P);

{Bildschirm und Dateiausgaben}
```

```
write ('Program finished, waiting for your RETURN: ');
readln;

end.
```

Nach der repeat-Schleife können die Ergebnisse auf dem Bildschirm zur sofortigen
Überprüfung ausgegeben werden (wird hier nicht gezeigt, es sind aber die gleichen write-Anweisungen, nur ohne „dat, ") und parallel auch in das Ausgabefile
geschrieben, danach müssen die offenen Dateien geschlossen werden. Achtung:
Macht man das nicht, werden i.d.R. die letzten Daten nicht aus dem Pufferspei-
cher auf die Festplatte geschrieben!

```
writeln (dat, 'Main gas turbine process data');
writeln (dat, '-----------------------------');
writeln (dat, 'Program version: ', status_of_prog);
writeln (dat, '***** Ambient conditions:');
write (dat, 'T_amb  = ', (T_amb-T0):6:2, ' K,    ');
writeln (dat, 'p_amb = ', (p_amb*1e-5):8:5, ' bar');
write (dat, 'RH_amb = ', (RH_amb*100):6:2, ' %,    ');
writeln (dat, 'R_amb = ', (flow00.gascon):6:2, ' J/kgK');
writeln (dat, 'cp_amb = ', (flow00.cp):6:2, ' J/kgK');
writeln (dat, '***** Engine settings:');
write (dat, 'T_HG  = ', (T_HG):7:2, ' K,        ');
writeln (dat, 'T_1_Tur = ', (flow04.temp):7:2, ' K');
write (dat, 'VIGV  = ', VIGV*100:7:2, '%,        ');
writeln (dat, 'Speed = ', (shaftspeed*60):7:2, ' rpm');
write (dat, 'T_Mix = ', (flowmix.temp-T0):7:2, ' deg C,    ');
writeln (dat, 'T_Exh = ', (flow05.temp-T0):7:2, ' deg C');
write (dat, 'm_exh = ', (flow05.mflow):7:2, ' kg/s,    ');
writeln (dat, 'n_shaft = ', (shaftspeed*60):7:2, ' 1/min');
writeln (dat, '***** Process Data:');
write (dat, 'Shaft Power = ', (power/1000):8:1, ' kW,        ');
writeln (dat, 'Shaft Eff.  = ',
  abs(power)/(fuelflow.mflow*(fuelflow.Hu+fuelflow.hf))*100:8:5,'%');
write (dat, 'T_Exh        = ', (flow05.temp-T0):7:2, ' deg C,    ');
writeln (dat, 'm_exh = ', (flow05.mflow):7:2, ' kg/s');
writeln (dat, 'm_fuel = ', (fuelflow.mflow):7:4, ' kg/s');
writeln (dat, 'Compressor isentropic efficiency = ',
                 cmp_is_eff*100:6:2, ' %');
writeln (dat, 'Turbine isentropic efficiency   = ',
                 tur_is_eff*100:6:2, ' %');
writeln (dat, '***** Engine flows:');
```

```
writeflowtofile (flow00, 'flow00: Filter Inlet', dat);
writeflowtofile (flow01, 'flow01: Compressor Inlet', dat);
writeflowtofile (flow02, 'flow02: Compressor End', dat);
writeflowtofile (flow03, 'flow03: Combustor Inlet', dat);
writeflowtofile (flow04, 'flow04: Turbine Inlet', dat);
writeflowtofile (flow05, 'flow05: Turbine Exit', dat);
writeflowtofile (flow06, 'flow06: Diffuser Exit', dat);
writeflowtofile (flow07, 'flow07: Exhaust System', dat);
writeflowtofile (flowmix, 'flowmix: Turbine Mixing Inlet', dat);
writeflowtofile (flowca1, 'flowca1: CA from Compressor', dat);
writeflowtofile (flowca2, 'flowca2: CA into turbine', dat);

close (dat); {Setzt das Zeichen eof (end of file)}
```

Nützliche Schreibe- und Leseprozeduren

Immer wiederkehrende Befehlssequenzen werden am besten zu einer einfachen
Prozedur zusammengefasst. Dadurch muss man bei Änderungen nicht an x Stellen
die Änderung durchführen, sondern nur einmal. Vor allem Bildschirm- und Datei-
Ausgaben können damit schnell aktualisiert werden. Dies sei hier am Beispiel der
Prozeduren writeflowdata und writeflowtofile gezeigt.

```
procedure writeflowdata (inflow: flow; headline: string);
begin
  writeln (headline);
  write   ('T [C]= ', inflow.temp-DT:9:4);
  write   (', p    = ', inflow.press/1e5:9:4);
  write   (', dens  = ', inflow.dens:9:4);
  writeln (', enth  = ', inflow.enth:9:4);
  write   ('entr = ', inflow.entr:9:4);
  write   (', area  = ', inflow.area:9:4);
  write   (', mflow = ', inflow.mflow:9:4);
  writeln ('  veloc = ', inflow.veloc:9:4);
  write   ('R     = ', inflow.gascon:9:4);
  write   (', kappa = ', inflow.kappa:9:4);
  write   (', cp    = ', inflow.cp:9:4);
  writeln (', cv    = ', inflow.cv:9:4);
  writeln ('--------------------------------',
                    '---------------------------');
end; {writeflowdata}
```

```
procedure writeflowtofile (inflow: flow; headline: string;
      var dat: text);
begin
  {write to dat}
  writeln (dat, headline);
  write   (dat, 'T    = ', inflow.temp-DT:9:4);
  write   (dat, ', p     = ', inflow.press/1e5:9:4);
  write   (dat, ', dens  = ', inflow.dens:9:4);
  writeln (dat, ', enth  = ', inflow.enth:9:4);
  write   (dat, 'entr = ', inflow.entr:9:4);
  write   (dat, ', area  = ', inflow.area:9:4);
  write   (dat, ', mflow = ', inflow.mflow:9:4);
  writeln (dat, ' veloc = ', inflow.veloc:9:4);
  write   (dat, 'R    = ', inflow.gascon:9:4);
  write   (dat, ', kappa = ', inflow.kappa:9:4);
  write   (dat, ', cp    = ', inflow.cp:9:4);
  writeln (dat, ', cv    = ', inflow.cv:9:4);
  writeln (dat, '-------------------------------',
                '-----------------------------');
end; {writeflowtofile}
```

Auch das Einlesen von benutzerdefinierten Werten (Tastatureingabe) erfolgt sinn-
vollerweise in Prozeduren, auch wenn diese nur einmal aufgerufen werden. Das
Hauptprogramm wird dadurch erheblich übersichtlicher und kürzer. Hier zwei
Beispiele, ambient und operation:

```
procedure ambient;
const tmax = 50.0; {deg C}
      tmin = -30.0; {deg C}
      pmin = 0.5; {bar}
      pmax = 1.2; {bar}
      cp_da = 1010.0; {dry air}
      R_da = 287.0;
      cp_st = 1920.0; {Steam in air}
      R_st = 462.0;
var kap_da, cv_da, p_s, x_d: double;
begin
  T_amb := 288.15;  p_amb := 1.013e5;  RH_amb := 0.6;
  repeat
    writeln ('Define ambient temperature (deg C)',
             tmin:5:1, ' < t_amb < ', tmax:5:1, ' deg C');
    write ('t_amb = ');   readln (T_amb);
```

```pascal
  until (tmin <= T_amb) and (T_amb <= tmax);
  T_amb := T_amb + T0; {K}
  repeat
    writeln ('Define ambient pressure (bar)',
             pmin:5:3, ' < p_amb < ', pmax:5:3, ' bar');
    write ('p_amb = ');   readln (p_amb);
  until (pmin <= p_amb) and (p_amb <= pmax);
  p_amb := p_amb*1e5; {Pa}
  repeat
    writeln ('Define ambient Relative Humidity (%)',
             0:1, ' < RH_amb < ', 100:3, '%');
    write ('RH_amb = ');   readln (RH_amb);
  until (0.0 <= RH_amb) and (RH_amb <= 100.0);
  RH_amb := RH_amb/100; {-}
  p_s := RH_amb*steampressure(T_amb);
  x_d := 0.622*p_s/(p_amb - p_s);
  R_amb := (R_da + x_d*R_st)/(1+x_d);
  cp_amb := (cp_da + x_d*cp_st)/(1+x_d);
  writeln ('R_amb = ', R_amb:5:1, ' J/kgK, cp_amb = ',
             cp_amb:6:1, ' J/kgK, T_amb = ', T_amb:5:1, 'T_amb');
end; {ambient}

procedure operation;
var alpha1: double;
begin
  VIGV := 1.0;
  repeat
    writeln (' Please specify current VIGV position (%):');
    writeln (' 40% <= T_HG <= 100%');
    write (' VIGV = ');
    readln (VIGV);
  until (40 <= VIGV) and(VIGV <= 100);
  VIGV := VIGV/100;
  alpha1 := arctan(sqrt(1.0-sqr(VIGV))/VIGV);
          {arccos is not defined in Pascal!}
  writeln ('VIGV angle set to ', alpha1*180/3.14159:6:2, ' deg');
  writeln;
  repeat
    writeln (' Please specify current Hot Gas Temperature (K):');
    writeln ('    T_HG <= ', T_HG_max:7:2);
    write (' T_HG = '); readln (T_HG);
```

```
  until (T_amb <= T_HG) and (T_HG <= T_HG_max);
  repeat
    writeln (' Please specify current Shaft Speed (Hz):');
    writeln ('     speed <= ', 1.1*speed_ref:7:2);
    write (' Shaft Speed = '); readln (shaftspeed);
  until (0.0 < shaftspeed) and (shaftspeed <= 1.1*speed_ref);
end; {operation}
```

8 Komponentenmodelle

Vereinfachte Darstellung des Stoffwertmodells

Die folgenden, beispielhaften Komponentenmodelle sind aus Gründen der Übersichtlichkeit ohne ein spezielles Stoffwertprogramm für die kalorischen Zustandsgrößen Enthalpie und Entropie erstellt. In den Berechnungen wird davon ausgegangen, dass die spezifische Wärmekapazität bei konstantem Druck c_p eines Stroms der jeweils passende integrale Mittelwert für die folgende Zustandsänderung ist, so dass wir Enthalpie- und Entropieänderungen aus einfachen Beziehungen ermitteln können:

$$h_2 - h_1 = c_p(T_2 - T_1)$$

$$s_2 - s_1 = c_p \ln\left(\frac{T_2}{T_1}\right) - R \ln\left(\frac{p_2}{p_1}\right)$$

Unter Verwendung des Isentropenexponenten κ können wir beide Beziehungen auch in dimensionsloser Form darstellen:

$$\frac{h_2 - h_1}{T_m R} = \frac{c_p}{R} \frac{T_2 - T_1}{T_m} = \frac{\kappa}{\kappa - 1} \frac{T_2 - T_1}{T_m}$$

$$\frac{s_2 - s_1}{R} = \frac{\kappa}{\kappa - 1} \ln\left(\frac{T_2}{T_1}\right) - \ln\left(\frac{p_2}{p_1}\right)$$

Hierbei ist T_m eine geeignete mittlere Temperatur der Zustandsänderung, z.B.:

$$T_m = \frac{T_2 + T_1}{2}$$

Wenn die Temperaturdifferenz klein gegen das Temperaturniveau ist, d.h.

$$\frac{|T_2 - T_1|}{T_m} \ll 1,$$

kann auch die Wärmekapazität des Stroms 1 zur Ermittlung der Enthalpie und der Entropie verwendet werden. Diese Vereinfachung wurde in den folgenden Beispielen (Unterprogrammen) verwendet. Sie kann in einem verbesserten Performancetool jederzeit durch ein echtes Stoffwertmodell ersetzt werden, das somit separat entwickelt werden kann und kurz beschrieben werden soll.

Ein einfaches Stoffwertmodell

Es wird vorausgesetzt, dass für jeden betrachteten gasförmigen Stoff das Verhalten der Wärmekapazität c_p über der Temperatur z.B. in Form von Stoffwerttabellen vorliegt. Ein grundlegendes und stets aktualisiertes Werk ist hier der VDI-Wärmeatlas (deutsche oder englische Version) [VDI e.V., 2013]. Natürlich können auch andere Stoffwertdatenbanken bis hin zu eigenen Entwicklungen als Grundlage verwendet werden.

Wir gehen weiterhin davon aus, dass für jeden gasförmigen Bestandteil j eines Gasgemischs aus J Bestandteilen eine geeignete Näherungsfunktion für die Wärmekapazität als Funktion der Temperatur gefunden wurde, z.B. in einheitlicher Form als Polynom n-ten Grades:

$$c_{p,j}(T) = \sum_{i=0}^{n} a_{j,i} T^i$$

Jeder dieser Bestandteile eines Gasgemischs aus J Bestandteilen besitzt einen Massenanteil g_j, den wir bei Vermischung von Strömen oder bei sonstigen Veränderungen der Zusammensetzung wie bei der Verbrennung aus der Einzelstoffbilanz bestimmen können. Die Zahl der Atome (= kmol) eines chemischen Elements bleibt insgesamt erhalten und wir können bei allen Vorgängen die neue Zusammensetzung berechnen. Die Wärmekapazität des Gemischs ist dann:

$$c_{p,G}(T) = \sum_{j=0}^{J} g_j c_{p,j}(T)$$

$$c_{p,G}(T) = \sum_{j=0}^{J} g_j \sum_{i=0}^{n} a_{j,i} T^i$$

Die Summation über i darf nach vorne gezogen werden, denn es wird nur die Reihenfolge der Multiplikation vertauscht:

$$c_{p,G}(T) = \sum_{i=0}^{n} T^i \sum_{j=0}^{J} g_j a_{j,i}$$

Daher können wir bei einem Gasgemisch auch jeden einzelnen Koeffizienten des Gemischs $a_{G,i}$ aus der Zusammensetzung berechnen:

$$a_{G,i} = \sum_{j=0}^{J} g_j a_{j,i}$$

Die temperaturabhängige Wärmekapazität des Gemischs ist daher:

$$c_{p,G}(T) = \sum_{i=0}^{n} a_{G,i} T^i$$

Der oben angesprochene integrale Mittelwert der Wärmekapazität zwischen den Temperaturen T_1 und T_2 kann dann einfach aus der Definition bestimmt werden:

$$c_p = c_{p,G}\Big|_{T_1}^{T_2} = \frac{1}{T_2 - T_1} \int_{T_1}^{T_2} c_{p,G}(T)dT$$

$$c_p = c_{p,G}\Big|_{T_1}^{T_2} = \frac{1}{T_2 - T_1} \left[\sum_{i=0}^{n} \frac{a_{G,i}}{i+1} T^{i+1} \right]_{T_1}^{T_2}$$

$$c_p = c_{p,G}\Big|_{T_1}^{T_2} = \frac{1}{T_2 - T_1} \sum_{i=0}^{n} \frac{a_{G,i}}{i+1} \left[T_2^{i+1} - T_1^{i+1} \right]$$

Aus der Wärmekapazität berechnen wir unmittelbar den Isentropenexponent κ:

$$\frac{\kappa}{\kappa - 1} = \frac{c_p}{R} = \frac{1}{R(T_2 - T_1)} \sum_{i=0}^{n} \frac{a_{G,i}}{i+1} \left[T_2^{i+1} - T_1^{i+1} \right]$$

Selbstverständlich lässt sich mit dieser Methode die gesuchte Enthalpiedifferenz auch ohne den Umweg über c_p ermitteln:

$$h_2 - h_1 = c_p(T_2 - T_1) = \sum_{i=0}^{n} \frac{a_{G,i}}{i+1} \left[T_2^{i+1} - T_1^{i+1} \right]$$

Allerdings wird der Mittelwert von c_p ohnehin auch zur Entropieberechnung und für den Isentropenexponenten κ benötigt, man spart also nichts.

Zu jedem Berechnungsschritt in den Komponentenmodellen müssen daher noch die folgenden Schritte ergänzt werden, die in eigenen Unterprogrammen abgearbeitet werden:

- Wenn Ströme vermischt oder durch Verbrennung in der Zusammensetzung geändert werden, muss als erstes die neue Zusammensetzung (d.h. die Massenanteile g_j) aus den Reinstoffbilanzen erstellt werden.
- Mit den Massenanteilen der Bestandteile g_j werden die Koeffizienten der temperaturabhängigen Wärmekapazität des Gemischs neu bestimmt.
- Im betrachteten Temperaturbereich der jeweiligen Zustandsänderung werden wie oben beschrieben der korrekte Mittelwert von c_p und die anderen davon abhängigen Stoffwerte bestimmt.

Adiabate Mischung zweier Ströme

Die adiabate Mischung zweier Ströme (1) und (2) (Abb. 8.1 a) zu einem dritten Strom (3) basiert auf den Erhaltungssätzen für Masse, Energie und Impuls oder Drehimpuls. Der Gesamtmassenstrom ist:

$$\dot{m}_1 + \dot{m}_2 = \dot{m}_3$$

Sind die Ströme ein Gemisch aus n Bestandteilen mit den Massenanteilen g_i, gilt die Massenerhaltung auch für jeden einzelnen Bestandteil i:

$$g_{i,1}\dot{m}_1 + g_{i,2}\dot{m}_2 = g_{i,3}\dot{m}_3$$

Damit wird die Zusammensetzung $g_{i,3}$ des Gemischs bestimmt.

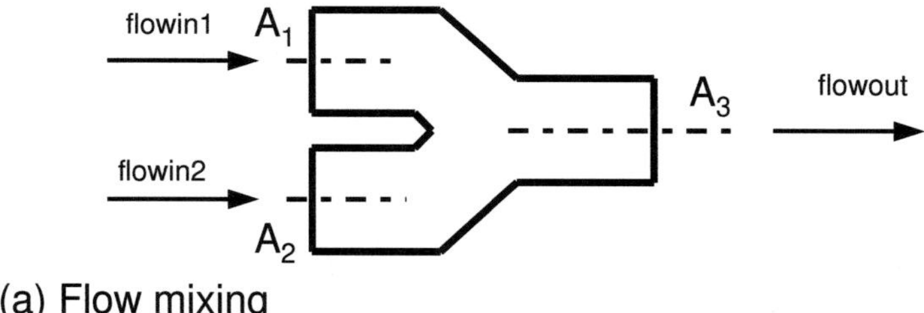

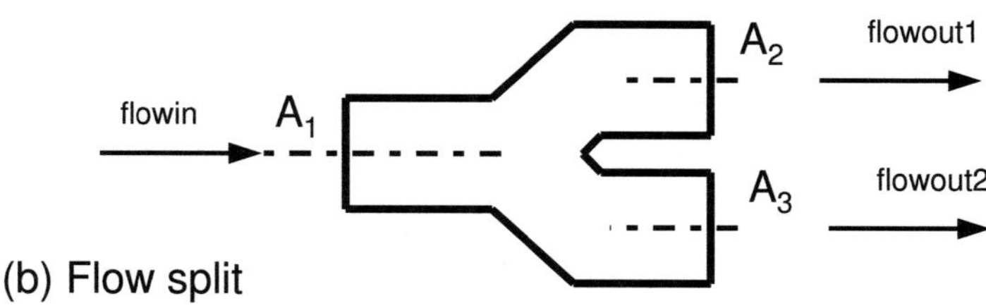

Abbildung 8.1 (a) Adiabate Mischung zweier Ströme (flowmix), (b) adiabate Teilung zweier Ströme (flowsplit)

Bei der adiabaten Mischung bleibt auch die Totalenthalpie konstant, d.h.:

$$\dot{m}_1\left(h_1 + \frac{c_1^2}{2}\right) + \dot{m}_2\left(h_2 + \frac{c_2^2}{2}\right) = \dot{m}_3\left(h_3 + \frac{c_3^2}{2}\right)$$

In dieser Gleichung sind noch zwei Unbekannte, die Geschwindigkeit c_3 und die Enthalpie h_3. Die fehlende Gleichung ist die Impulserhaltung bei der Mischung (s.u.).

Haben die Ströme einen unterschiedlichen Druck, wird angenommen, dass der Strom mit dem höheren Druck zunächst isenthalp auf den niedrigeren Druck gedrosselt wird:

$$p_3 = \min(p_1, p_2)$$

Isenthalp gedrosselt bedeutet bei einem idealen Gas auch isotherm. Damit können Dichte und Geschwindigkeit des gedrosselten Stroms neu bestimmt werden:

$$\rho = \frac{p}{RT}$$

$$c = \frac{\dot{m}}{\rho A}$$

Hierbei ist A die Querschnittsfläche des Strömungsquerschnitts des gedrosselten Stroms. Bei großen Geschwindigkeitsänderungen muss auch die Enthalpieänderung berücksichtigt werden:

$$h + \frac{c^2}{2} = \text{const}$$

Enthalpie und Geschwindigkeit nach der Drosselung werden dann iterativ ermittelt (siehe allgemeine Drosselstelle).

Jetzt kann die Impulserhaltung bei der Mischung aufgestellt werden. Ohne die Wirkung einer äußeren Kraft bleibt nach dem Newtonschen Gesetz der Gesamtimpuls erhalten. Dies setzt allerdings voraus, dass der Strömungsquerschnitt am Austritt A_3 von vorneherein so bemessen wurde, dass keine wesentlichen Kräfte auf die Strömung wirken. Ist diese Voraussetzung dagegen nicht gegeben, sollte die Geschwindigkeit besser aus Massenstrom, Dichte und Querschnittsfläche berechnet werden. Also entweder

$$\dot{m}_1 c_1 + \dot{m}_2 c_2 = \dot{m}_3 c_3$$

oder

$$c_3 = \frac{\dot{m}_3}{\rho_3 A_3}$$

In beiden Fällen sind c_3 und h_3 jetzt bekannt.

Modell

Das Unterprogramm der Mischung sieht auf Basis dieser Gleichungen dann so aus:

```pascal
procedure flowmixing (flowin1, flowin2: flow; var flowout: flow);

{High velocity adiabatic mixing of flowin2 to flowin1. Both flows
are mixed, assuming that the flow with the higher pressure is
throtteled to the lower pressure.
-> method: flowout has either the pressure of flowin1 or flowin2,
whatever is the lower one. Enthalpy is influenced by temperature
and by velocity -> iteration}

const eps_d = 1e-6;

var g_1, g_2, densold, d_err: double;
    i: integer;

begin
  flowout.mflow  :=  flowin1.mflow + flowin2.mflow;
  g_1 := flowin1.mflow/flowout.mflow;
  g_2 := flowin2.mflow/flowout.mflow;
  if flowin1.press < flowin2.press then
    flowout.press := flowin1.press
  else
    flowout.press := flowin2.press;
  flowout.gascon := g_1*flowin1.gascon + g_2*flowin2.gascon;
  flowout.cp     := g_1*flowin1.cp     + g_2*flowin2.cp;
  flowout.cv     := flowout.cp - flowout.gascon;
  flowout.kappa  := flowout.cp/flowout.cv;

  {Iteration of enthalpy and velocity}
  flowout.veloc  := 0;
  densold := flowin1.dens;
  i := 0; {Iteration counter}
  repeat
    i := i + 1;
    flowout.enth   := g_1*(flowin1.enth + sqr(flowin1.veloc)/2)
                    + g_2*(flowin2.enth + sqr(flowin2.veloc)/2)
                    - sqr(flowout.veloc)/2;
    flowout.temp   := flowout.enth/flowout.cp + T0;
    flowout.dens   := flowout.press/(flowout.gascon * flowout.temp);
    flowout.veloc  := flowout.mflow/(flowout.dens*flowout.area);
    d_err := abs(densold/flowout.dens - 1);
    densold := flowout.dens;
```

```pascal
  until d_err < eps_d;
  writeln (' Flowmixing: Density converged after ', i:1, ' Steps');
  flowout.entr   := flowout.cp*ln(flowout.temp/T0)
                       - flowout.gascon*ln(flowout.press/p0); {J/kgK}
end; {flowmixing}
```

Adiabate Teilung eines Stroms in zwei Ströme (flowsplit)

Ein Strom wird verlustfrei und ohne Veränderung des Zustandes in zwei Teil-
ströme aufgeteilt (Abb. 8.1 b). Dies verlangt, dass auch die Austrittsflächen in
der Summe der Eintrittsfläche entsprechen. Sollte die tatsächliche Stromteilung
verlustbehaftet sein oder eine andere Fläche vorgegeben sein, muss dies im Gesamtmodell nach der Teilung in beiden Ströme durch ein nachgeschaltetes Ver-
lustelement (kompressibel oder inkompressibel) berücksichtigt werden.

```pascal
procedure flowsplit (flowin: flow; g_perc: double;
                     var flowout1, flowout2: flow);

{Adiabatic split of flowin to flowout1 and flowout2, assuming
 pressure and velocity of flow is kept ---> flowout have same
 pressure as main flow, area of outlet and mass flow is split.
 g_flow1 is part of flowout1 massflow (0..1). If g_flow1 < 0,
 flowout1 mass flow is set to 0, if g_flow1 > 1,
 flowout2 mass flow is 0}

var A_o1, A_o2, A1, A2: double;
    flowdummy: flow;

begin
  {Initialize flowout1/2 and save areas, if needed later}
  A_o1 := flowout1.area;
  A_o2 := flowout2.area;
  flowout1 := flowin;
  flowout2 := flowin;
  flowout1.area := A_o1;
  flowout2.area := A_o2;

  {Split massflow and area at inlet}
  if g_perc <= 0.0 then g_perc := 0.0;
  if g_perc >= 1.0 then g_perc := 1.0;
  flowout1.mflow := flowin.mflow*g_perc;
```

```
flowout2.mflow := flowin.mflow*(1 - g_perc);
{Areas new (recommended)}
A1 := g_perc*flowin.area;
A2 := (1 - g_perc)*flowin.area;
flowout1.area := A1;
flowout2.area := A2;
{Check, if areas need significant change}
if (abs(1 - A_o1/A1) > 1e-3) or (abs(1 - A_o2/A2) > 1e-3)  then
   writeln ('Warning: Check area consistency in proc. flowsplit');
end; {flowsplit}
```

Druckverlustelement bei inkompressibler Strömung

Gasströmungen verhalten sich inkompressibel, wenn die Machzahl klein gegen 1 ist. Diese Bedingung liegt sowohl im Luftansaugsystem des Kompressors als auch im Abgassystem nach der Turbine vor. Ein Druckverlust durch Reibung wird im inkompressiblen Strömungsgebiet entweder über einen Druckverlustbeiwert ζ oder einen polytropen Wirkungsgrad ermittelt. Die am Element anliegende statische Druckdifferenz wird dabei weder vollständig dissipiert, noch vollständig genutzt. Wenn die Strömung aufgrund der Dichteabnahme bei der Drosselung beschleunigt wird, äußert sich dies in einer kleineren Enthalpie und Temperatur, was wir im Gegensatz zu einem vollständig inkompressiblen Medium wie Wasser hier berücksichtigen.

Der Vorgang ähnelt daher vor allem im kompressiblen Bereich einer adiabaten Expansion mit sehr niedrigem Wirkungsgrad, aber trotzdem signifikanter Beschleunigung der Strömung. Hier wird am besten mit einem polytropen Wirkungsgrad gerechnet (siehe nächstes Kapitel). Im inkompressiblen Bereich ist dagegen der Reibungsverlust kaum mit einer Enthalpieänderung verbunden, daher wird er mit Hilfe des Druckverlustbeiwertes ζ bestimmt. Die Enthalpieänderung wird dann nur aus der Änderung der kinetischen Energie berechnet.

Beim Abgassystem ist der statische Druck am Austritt p_2 am Element gegeben. Bis auf den Druck und die Querschnittsfläche werden alle Daten zu Beginn der Iteration vom Eintrittstrom übernommen. Dichte, Geschwindigkeit und Enthalpie am Austritt werden iterativ bestimmt:

$$\rho_2 = \frac{p_2}{RT_2}$$

$$c_2 = \frac{\dot{m}_2}{\rho_2 A_2}$$

Aus der Bernoulligleichung wird der resultierende Eintrittsdruck ermittelt

$$p_1 = p_2 + \rho_2 \frac{c_2^2}{2} + (\zeta - 1)\rho_1 \frac{c_1^2}{2}$$

Damit werden dann Dichte und Geschwindigkeit am Eintritt sowie Enthalpie und Temperatur am Austritt in mehreren Iterationsschleifen neu berechnet.

$$\rho_1 = \frac{p_1}{RT_1}$$

$$c_1 = \frac{\dot{m}_1}{\rho_1 A_1}$$

$$h_2 = h_1 + \frac{c_1^2}{2} - \frac{c_2^2}{2}$$

$$T_2 = T_0 + \frac{h_2 - h_0}{c_p}$$

Beim Ansaugsystem des Kompressors sind dagegen die Zustandsgrößen am Eintritt und der Massenstrom am Austritt vorgegeben. Die Gleichungen müssen daher bei der Berechnung nach den gesuchten Größen aufgelöst und in eine andere Reihenfolge gebracht werden.

Diffusor und Abgassystem (exhaust system)

Diese zuvor beschriebene Rechenvorschrift wird sowohl für den Turbinendiffusor als auch das gesamte Abgassystem angewendet. Die Reihenfolge der Berechnungen richtet sich nach den vorgegebenen Größen (input) und den hieraus resultierenden Ausgangsgrößen (Abb. 8.2). Bei diesem Element werden Temperatur, Massenstrom, Stoffwerte vom stromaufwärts liegenden Element vorgegeben, während der Druck durch das stromabwärts liegende Element bestimmt wird. Grund hierfür ist, dass letztlich der Druck im Abgaskanal vom Austritt in die Umgebung am Kamin bestimmt wird und sich dessen Wirkung bis zum Turbinenaustritt fortsetzt. Input ist daher (Index 1: eintretender Strom, Index 2: austretender Strom)

- Massenstrom $\dot{m}_1$,
- Temperatur T_1,
- alle Stoffwerte und die Zusammensetzung Strom 1,
- Druck am Austritt p_2,
- Geometrie (Strömungsquerschnitt) A_1, A_2.

Weil der Druck am Austritt vorgegeben ist, die Temperatur aber am Eintritt, muss über der Dichte iteriert werden. Ein Wärmeentzug im HRSG wird in diesem Stadium des Gesamtmodells noch nicht berücksichtigt, denn hierzu muss mit dem Gesamtkraftwerk eine Schnittstelle definiert werden.

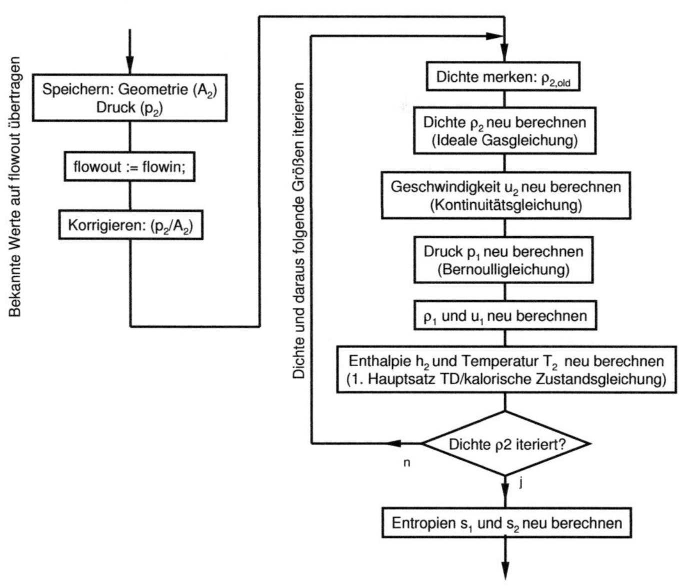

Abbildung 8.2 Ablauf der Berechnung des Turbinendiffusors und des Abgaswegs (exhaust system)

```
procedure diffuser_exhaust (zeta: double; var flowin, flowout: flow);
{Turbine outlet diffuser and exhaust system including HRSG and stack.}
{Inlet conditions (besides pressure)come from upstream, outlet}
{pressure comes from downstream element}
{REMARK: Heat flow (HRSG) not yet implemented}
const eps_d2 = 1e-6;
var p2, A2, d2old: double;
begin
  {Store geometry and pressures}
  A2 := flowout.area;
  p2 := flowout.press;
  {Set all flowout values to flowin (input) data}
  flowout := flowin;
  {Reset to flowout input data}
  flowout.area := A2;
  flowout.press := p2;
```

```
{Iterate outlet density and all depending values}
repeat
  d2old := flowout.dens;
  flowout.dens := flowout.press/(flowout.gascon*flowout.temp);
  flowout.veloc := flowout.mflow/(flowout.dens*flowout.area);
  {Outlet pressure from Bernoulli-eq.}
  flowin.press := p2 + flowout.dens/2*sqr(flowout.veloc)
                  + (zeta-1)*flowin.dens/2*sqr(flowin.veloc);
  flowin.dens := flowin.press/(flowin.gascon*flowin.temp);
  flowin.veloc := flowin.mflow/(flowin.dens*flowin.area);
  {Enthalpy from energy conservation eq.}
  flowout.enth := flowin.enth + sqr(flowin.veloc)/2
                  - sqr(flowout.veloc)/2;
  flowout.temp := T0 + flowout.enth/flowout.cp;
until abs(1 - d2old/flowout.dens) < eps_d2;


flowout.entr := flowout.gascon
            *(flowout.kappa/(flowout.kappa-1)*ln(flowout.temp/T0)
              - ln(p2/p0));
flowin.entr  := flowin.gascon
              *(flowin.kappa/(flowin.kappa-1)*ln(flowin.temp/T0)
                - ln(flowin.press/p0));
end; {diffuser_exhaust}
```

Filter und Ansaugsystem

Auch am Filter und Lufteinlasssystem (Abb. 7.1, 8.3 und 8.20) gehen wir fast identisch vor. Allerdings ist hier der gesamte Zustand durch den Umgebungszustand der Ansaugluft und insbesondere der Eintrittsdruck durch den Luftdruck vorgegeben, so dass der Austrittsdruck (= Kompressoreintritt) bestimmt werden muss. Dafür wird der Massenstrom vom Kompressor bestimmt und beeinflusst die stromaufwärts liegenden Größen. Input ist daher (Index 1: eintretender Strom, Index 2: austretender Strom)

- Massenstrom am Austritt $\dot{m}_2$,
- Temperatur T_1,
- Druck am Eintritt p_1,
- alle Stoffwerte und die Zusammensetzung Strom 1,
- Geometrie (Strömungsquerschnitt) A_1, A_2.

Auch hier muss über der Dichte iteriert werden und der Ablauf wird an die input-Größen angepasst (Abb. 8.4).

Abbildung 8.3 Lufteinlass und Luftfilter der Gasturbine (Trianel Kombi-kraftwerk in Hamm-Uentrop)

```
procedure inlet_air_system (zeta: double; var flowin, flowout: flow);
{Nearly equal to diffuser_exhaust routine, besides that}
{mass flow is received from downstream routine compressor.}
{Inlet thermodynamic conditions must not be changed, }
{outlet conditions, e.g. p2 are calculated.}
const eps_d2 = 1e-6;
var A2, d2old: double;
begin
  A2 := flowout.area;
  {Get mass flow from downstream compressor}
  flowin.mflow := flowout.mflow;
  flowin.veloc := flowin.mflow/(flowin.dens*flowin.area);
  {Set thermodynamic data in flowout}
  flowout := flowin;
  {Correct area and velocity}
  flowout.area := A2;
```

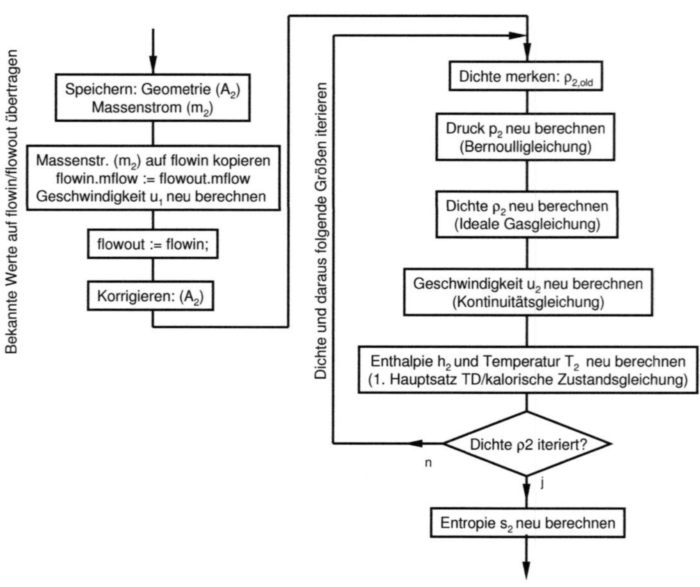

Abbildung 8.4 Ablauf der Berechnung des Filters und des Kompressoreinlasskanals (inlet air system)

```
flowout.veloc := flowout.mflow/(flowout.dens*flowout.area);
repeat
  d2old := flowout.dens;
  flowout.press := flowin.press-flowout.dens/2*sqr(flowout.veloc)
                 + (1.0-zeta)*flowin.dens/2*sqr(flowin.veloc);
  flowout.dens := flowout.press/(flowout.gascon*flowout.temp);
  flowout.veloc := flowout.mflow/(flowout.dens*flowout.area);
  flowout.enth := flowin.enth + sqr(flowin.veloc)/2
               - sqr(flowout.veloc)/2;
  flowout.temp := T0 + flowout.enth/flowout.cp;
until abs(1 - d2old/flowout.dens) < eps_d2;
flowout.entr := flowout.gascon
            *(flowout.kappa/(flowout.kappa-1)*ln(flowout.temp/T0)
             - ln(flowout.press/p0));
end; {inlet_air_system}
```

Sekundärluftsystem SAS und allgemeine Drosselstelle

Das Sekundärluftsystem einer Gasturbine ist eines der wichtigsten Systeme, denn es soll genau den notwendigen Kühlluftbedarf der hochbelastetene Turbinenbeschaufelung liefern, den die Turbine zum Erreichen der Lebensdauerziele benötigt (i.d.R. zwischen 24000 und 48000 Volllast-Betriebsstunden bei Kraftwerken). Zuwenig Kühlluft reduziert die Lebensdauer, weil Materialtemperaturen zu hoch sind, zuviel Kühlluft kann aber den gleichen Effekt bewirken, denn dies erhöht wegen der Regelung auf die Abgastemperatur automatisch die Heißgastemperatur bei gleicher thermodynamischer Mischtemperatur (siehe Turbine). Die korrekte Einstellung des SAS-Systems ist daher äußerst wichtig. Das Kühlluftsystem ist zwar auch eine Drosselstelle, die Strömung muss hier allerdings kompressibel gerechnet werden.

Die Abbildungen 8.5 und 8.6 zeigen das Innenleben einer modernen, thermisch hochbelasteten Schaufel einer Gasturbine. Die Kühlluftkanäle einer Hochdruckschaufel wurden in einen Glasblock gelasert, so dass man die komplizierte innere Struktur des Kühlsystems der Schaufel aus verschiedenen Blickwinkeln erkennen kann. Dieses Ansschauungsstück wurde freundlicherweise von Rolls-Royce Deutschland zur Verfügung gestellt, die Fotos stammen vom Autor. In Ab-

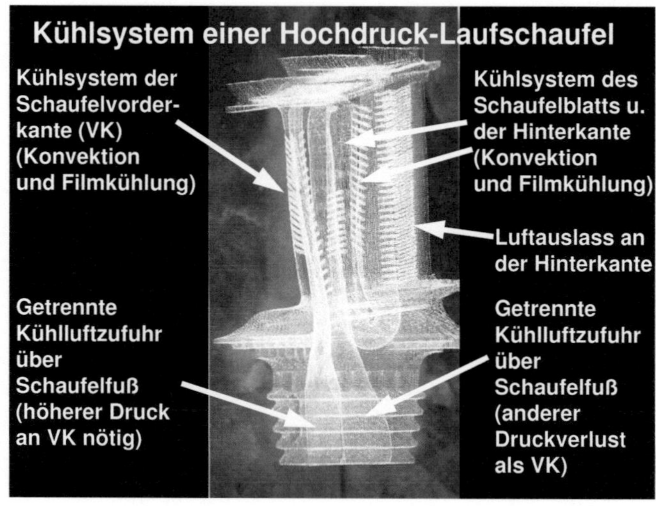

Abbildung 8.5 Kühlsystem einer Gasturbinen-Hochdrucklaufschaufel (1)

bildung 8.5 ist die Blickrichtung schräg von vorne. Man erkennt die getrennte Kühlluftzufuhr der Schaufelvorderkante (links) über den Schaufelfuß. Diese Trennung ist erforderlich, weil der Druck des Heißgases an der Vorderkante am höchsten ist, so dass hier auch die Kühlluft nur einen geringen Druckverlust erfahren darf. Zur Schaufelhinterkante hin (in Abb. 8.5 rechts) wird der Heißgasdruck immer niedriger, so dass auch der Kühlluftdruck durch die mäanderförmige Führung an den Heißgasdruck angepasst abfallen muss, damit die Kühlluftmenge nicht zu groß wird. In Abbildung 8.6 ist die Blickrichtung seitlich, die Hinter-

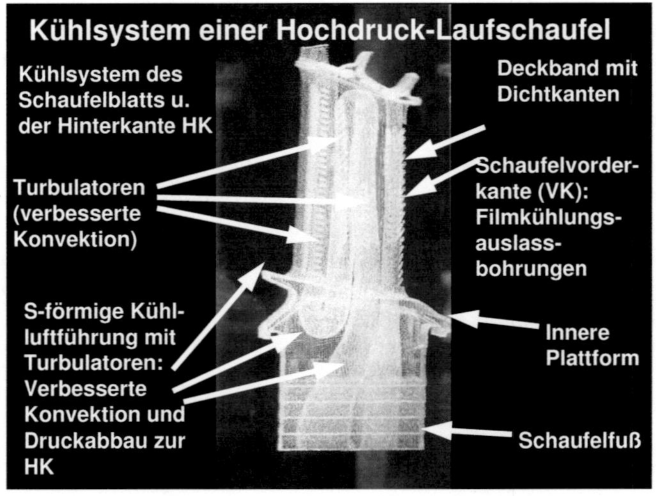

Abbildung 8.6 Kühlsystem einer Gasturbinen-Hochdrucklaufschaufel (2)

kante ist jetzt links, die Vorderkante dagegen rechts. An der Vorderkante erkennt man die Auslassbohrungen der Filmkühlung, im Kanal der Hinterkante ist die S-förmige Strömungsführung gut erkennbar. Auf dem Weg sind sog. Turbulatoren eingegossen, die die konvektive Wärmeübertragung verbessern und an der Hinterkante wird die Kühlluft dann möglichst gleichmäßig und ohne Impulsänderung in die Heißgasströmung ausgelassen. Dieses komplexe Innenleben findet man ebenso in Gasturbinen für den stationären Kraftwerksbetrieb und es bedarf naturgemäß einer sehr genau eingestellten Kühlluftzufuhr über den Schaufelfuß.

Die Kühlluft wird am Kompressor bei einem Druck p_1 abgezweigt und an der Brennkammer vorbei zum zu kühlenden System z.B. der Turbinenbeschaufelung geführt. Am Zielort herrscht der Druck p_2, der wegen des Druckverlustes der Brennkammer immer kleiner als p_1 sein muss. Andernfalls läge eine schwere Fehlfunktion vor, ein sogenannter „Heißgaseinbruch" in das Kühlluftsystem oder zum

Rotor mit unmittelbarer schwerer Beschädigung der betreffenden Bauteile bishin zu einer katastrophalen Fehlfunktion, wenn der Turbinenrotor bersten würde.

Ein Rotorbersten hört sich harmloser an, als es ist. Der Rotor einer Großgasturbine wiegt weit über 100 Tonnen und rotiert mit 50 oder 60 Hz. Die Energie, die beim Bersten freigesetzt würde, entspricht derjenigen einer nicht gerade kleinen Sprengbombe. Auch das zentimeterdicke Gehäuse könnte die Trümmerteile nicht zurückhalten, so dass das gesamte Kraftwerksgebäude und umliegende Gebäude schwer in Mitleidenschaft gezogen würden. Auch das vor Ort befindliche Personal wäre mit hoher Wahrscheinlichkeit schwerst verletzt oder tot. Ein solches Versagen muss unter allen Umständen durch den Maschinenschutz unterbunden werden, ein Heißgaseinbruch muss zur automatischen Notabschaltung führen.

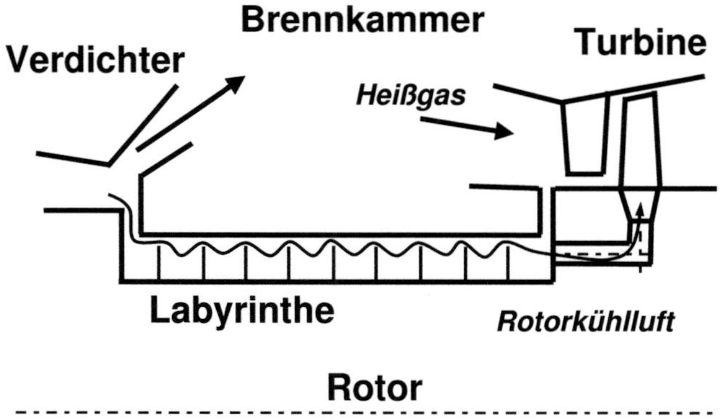

Abbildung 8.7 Labyrinthe im Rotorkühlsystem RKS (Prinzip)

Die Kühlluftführung vom Kompressor zur Statorbeschaufelung erfolgt i.d.R. entweder direkt über das Turbinengehäuse oder über externe Rohrleitungen. Die Kühlluftführung vom Kompressor zur rotierenden Beschaufelung der Turbine erfolgt dagegen meist unter der Brennkammer am Rotor entlang zu den Schaufelfüßen (Abb. 8.7). In beiden Stromführungen sind auf dem Weg Drosselstellen eingebaut, die bei gegebener Druckdifferenz $\Delta p = p_1 - p_2$ sicherstellen sollen, dass sich genau der richtige Massenstrom einstellt, der möglichst auch bei Schwankungen von Δp ein konstantes Verhältnis zwischen Kühlluftmenge und Ansaugmenge des Kompressors ergibt, damit die Kühlaufgabe sicher gewährleistet ist. Am Rotor entlang geschieht dies über Labyrinthdichtungen, im Statorsystem meist über Löcher, d.h. Engstellen. Beiden Systemen gemeinsam ist, dass in einer Engstelle (der Spalt bei Labyrinthen) aus der statischen Druckdifferenz eine hohe Geschwindigkeit erzeugt wird und diese nach der Engstelle durch eine plötzliche Querschnittserweiterung (Carnotstoß) verlustbehaftet dissipiert wird. Würde man dagegen verlustarm zwischen p_1 und p_2 expandieren, die Strömung also stark beschleunigen, wäre der sich einstellende Massenstrom sehr stark von der augenblicklichen Druckdifferenz Δp abhängig und würde im Betrieb mehr oder weniger unkontrolliert schwanken. Die verlustbehaftete Dissipation der Druckdifferenz ist also gewollt und gewissermaßen Konstruktionsvorschrift.

Die Druckdifferenz zusammen mit der Funktion der Drosselstellen führt daher zu einem bestimmten Massenstrom, genau dies soll unser Modell abbilden. Es ist dabei allerdings unvermeidbar, dass nicht eine hundertprozentige Dissipation der Druckenergie erfolgt, denn aufgrund der geringeren Dichte nach der Drosselstelle ist bei kompressibler Strömung die Geschwindigkeit immer etwas höher und dies entspricht einer noch vorhandenen Nutzenergie (Abb. 8.8). Die Drosselstelle enthält daher zwei Kernberechnungen:

- Eine Drosselung auf einen Zwischendruck p_z, bei der die Energie vollständig dissipiert wird. Die Entropiezunahme im Verhältnis zur maximalen Entropiezunahme bei vollständiger Dissipation wird dabei über den polytropen Wirkungsgrad der Drosselstelle modelliert.
- Eine isentrope Expansion vom Zwischendruck p_z auf den Ausgangsdruck p_2.

Beide Zustandsänderungen ergeben zusammen dann die Drosselung und resultieren bei gegebener Geometrie in einem bestimmten Massenstrom (Machzahl M_1).

Berechnung des Massenstroms aus den gegebenen Werten p_1, p_2 und η_{pol}

Der polytrope Wirkungsgrad η_{pol} ist definiert durch die Entropiedifferenz in Bezug auf die maximale Entropiedifferenz einer vollständigen Dissipation:

$$\eta_{\mathrm{pol}} = 1 - \frac{\Delta s}{\Delta s_{\mathrm{max}}}$$

Vollständige Dissipation liegt bei der Drosselung vom Druck p_1 auf den Druck p_2 genau dann vor, wenn die Enthalpie konstant ist. Bei einem idealen Gas gilt das auch für die Temperatur ($T_1 = T_2$, Abb. 8.9).

$$\Delta s_{\mathrm{max}} = R \left[\frac{\kappa}{\kappa - 1} \ln\left(\frac{T_2}{T_1}\right) - \ln\left(\frac{p_2}{p_1}\right) \right]$$

Drosselstelle

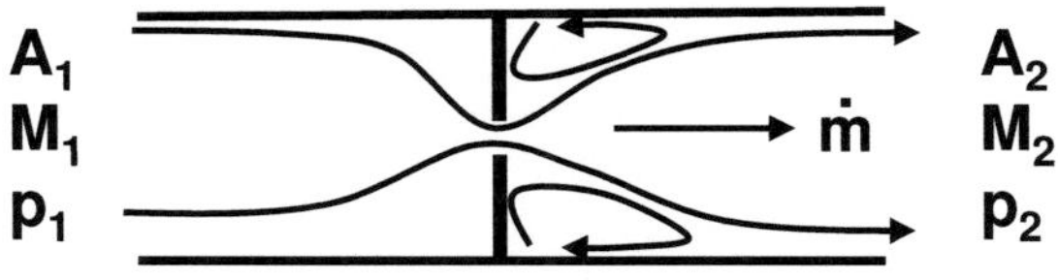

Abbildung 8.8 Drosselstelle im RKS (Prinzip)

$$\Delta s_{\max} = R \ln\left(\frac{p_1}{p_2}\right)$$

In der Realität wird aber ein Teil der Druckenergie weiterhin nutzbar bleiben, wenn die Strömung beschleunigt wird. Es wird also ein geringerer Entropieanstieg Δs vorliegen, so dass nur bis auf einen rechnerischen Zwischendruck p_z abgedrosselt wird. Von p_z nach p_2 wird die Strömung dann verlustfrei expandiert und dabei beschleunigt. Tatsächlich ist die Zustandsänderung zwar eher wie in Abbildung 8.9 angedeutet, wir rechnen aber durch die Zweiteilung des Weges mit dem gedachten Zwischenpunkt z trotzdem den richtigen Endzustand aus.

Der Zwischenzustand z wird aus dem Wirkungsgrad errechnet:

$$\Delta s = \Delta s_{\max}(1 - \eta_{\text{pol}})$$

$$p_z = p_1 e^{-\Delta s/R}$$

Temperatur und Enthalpie sind gegenüber dem Anfangszustand unverändert, $T_z = T_1$, $h_z = h_1$. Von p_z nach p_2 wird isentrop expandiert, d.h.

$$\frac{T_2}{T_z} = \left(\frac{p_2}{p_z}\right)^{\frac{\kappa-1}{\kappa}}$$

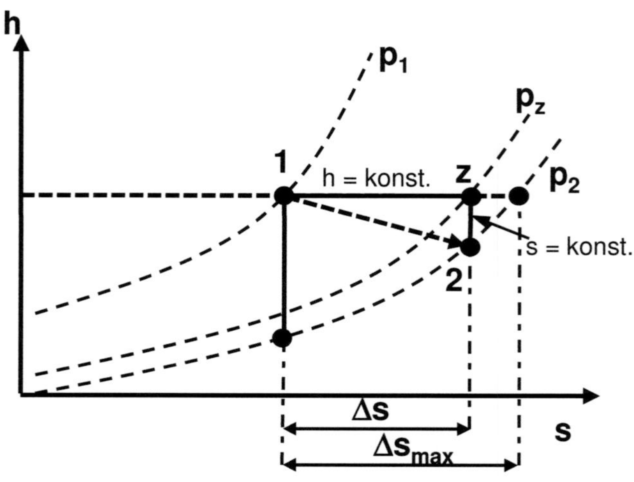

Abbildung 8.9   Reale Drosselung mit Beschleunigungsanteil im *h-s-* Diagramm

$$T_2 = T_1 \left(\frac{p_2}{p_z} \right)^{\frac{\kappa - 1}{\kappa}}$$

Dementsprechend können nun alle anderen Zustandsgrößen am Austritt bestimmt werden, insbesondere $h_2 = h_1 + c_p(T_2 - T_1)$ und $s_2 = s_1 + \Delta s$.

Mit dem nun bekannten thermodynamischen Zustand wird aus Energie- und Kontinuitätsgleichung in dimensionsloser Form die Machzahl und der Massenstrom durch das Element berechnet:

$$M_2 = M_1 \frac{p_1}{p_2} \sqrt{\frac{T_2}{T_1}} \frac{A_1}{A_2} = C M_1$$

$$\frac{2}{\kappa - 1} + M_1^2 = \left(\frac{2}{\kappa - 1} + M_2^2 \right) \frac{T_2}{T_1}$$

$$\frac{2}{\kappa - 1} + M_1^2 = \left(\frac{2}{\kappa - 1} + C^2 M_1^2 \right) \frac{T_2}{T_1}$$

$$M_1^2 \left(1 - C^2 \frac{T_2}{T_1} \right) = \frac{2}{\kappa - 1} \left(\frac{T_2}{T_1} - 1 \right)$$

$$M_1 = \sqrt{\frac{\frac{2}{\kappa-1}\left(1 - \frac{T_2}{T_1}\right)}{\left(\frac{p_1 T_2 A_1}{p_2 T_1 A_2}\right)^2 - 1}}$$

Der gesuchte Massenstrom durch das Element ist bei der gegebenen Druckdifferenz:

$$\dot{m} = \rho_1 u_1 A_1 = \frac{p_1}{RT_1} M_1 \sqrt{\kappa R T_1}\, A_1$$

$$\dot{m} = M_1 \sqrt{\frac{\kappa}{RT_1}}\, p_1 A_1$$

Modell

Setzt man diese Formeln um, stellt sich das Kühlluftsystem daher bei jedem Berechnungsdurchgang auf die geänderten Druckdifferenzen zwischen Kompressoraustritt und Turbineneintritt neu ein und berechnet den Massenstrom neu. Es reagiert bei niedrigen polytropen Wirkungsgraden sehr viel unempfindlicher, als bei hohen. Damit werden natürlich auch die Brennkammermenge und die Heißgasmenge zur Turbine verändert, weil der Kompressoreintrittsmassenstrom praktisch unverändert bleibt. Im folgenden Quellcode wurden während der Entwicklung nützliche Schreibeanweisungen auskommentiert, aber im Quelltext belassen. Wenn alles getestet ist, sollten solche Zeilen entfernt werden.

```
procedure pressure_loss_element (etapol: double;
                                 var flowin, flowout: flow);
{flowin pressure and all other data of flowin is input
besides mass flow through this element, which depends on
p2 and efficiency of expansion}
var M1, M2, T1, T2, p1, pz, p2, A1, A2, c1, c2,
    DeltaSoverR, DeltasMaxoverR: double;
begin
  {Store Geometry}
  A1 := flowin.area;
  A2 := flowout.area;
  {Use local variables (eqns. are shorter!!!)}
  p1 := flowin.press;
  p2 := flowout.press;
  T1 := flowin.temp;
  {Check for pressures}
  if p1 < p2 then
  begin
    writeln ('WARNING: Inlet pressure less than outlet pressure '
```

```pascal
              ,'in Pressure_loss_element !!!!');
    write ('Continue (y/n)?  ');
    readln (ch);
    if (ch = 'n') or (ch = 'N') then
      stepout (' pressure_loss_element');
  end;
  if (etapol < 0) or (etapol > 1) then
    stepout (' pressure_loss_element: ETAPOL out of range!');
  {Initialise flowout, reset geometry and pressure}
  flowout := flowin;
  flowout.area  := A2;
  flowout.press := p2;

  {Calculate Entropy: 1 -> z Dissipation}
  DeltasMaxoverR := ln(p1/p2);
  DeltasoverR := (1 - etapol)*DeltasMaxoverR;
  flowout.entr := flowin.entr + flowin.gascon*DeltasoverR;
  {Calculate pz and T2: z -> 2 isentropic}
  pz := p1*exp(-DeltasoverR);
  {writeln ('p1 = ', p1/p0:5:2, 'bar,  p2 = ', p2/p0:5:2, 'bar',
           '  pz = ', pz/p0:5:2, 'bar');} {readln;}
  T2 := T1*exp((flowin.kappa-1)/flowin.kappa*ln(p2/pz));
  flowout.temp := T2;
  {writeln ('PLE: Etapol = ', etapol*100:6:3, '%');
  writeln ('PLE: T1 = ', T1:5:1, 'K,  T2 = ', T2:5:1, 'K'); }

  {Calculate Machnbrs and velocities from energy and mass conservation}
  {Check for negative square root argument}
  if sqr(p1/p2*T2/T1*A1/A2) <= 1 then
  begin
    writeln ('WARNING: Negative or infinite argument');
    writeln ('Argument value = ', sqr(p1/p2*T2/T1*A1/A2):6:3);
    stepout (' pressure_loss_element')
  end;
  M1 := sqrt((2/(flowin.kappa-1)*(1-T2/T1))/(sqr(p1/p2*T2/T1*A1/A2)-1));
  M2 := M1*p1/p2*A1/A2*sqrt(T2/T1);

{ Alternative:}
{ M2 := sqrt((2/(flowin.kappa-1)*(T1/T2-1))/(1-sqr(p2/p1*T1/T2*A2/A1)));
  M1 := M2*p2/p1*A2/A1*sqrt(T1/T2);}
```

```
{writeln ('PLE: M1 = ', M1:6:4, ',   M2 = ', M2:6:4); }
c1 := M1*sqrt(flowin.kappa*flowin.gascon*T1);
c2 := M2*sqrt(flowin.kappa*flowin.gascon*T2);
{writeln ('PLE: c1 = ', c1:8:4, 'm/s,  c2 = ', c2:8:4, 'm/s'); }

{Calculate mass flow and properties}
flowin.mflow := flowin.dens*c1*A1;
flowout.mflow := flowin.mflow;
{writeln ('PLE: Mass flow = ', flowin.mflow:8:2, ' kg/s'); }
flowout.dens := flowout.press/(flowout.gascon*flowout.temp);
{write ('PLE: Press return to continue');}   {readln;}
flowin.veloc  := c1;
flowout.veloc := c2;
flowout.enth := flowin.enth + (T2-T1)*flowout.cp;
end; {pressure_loss_element}
```

Kompressor

Der Kompressor (Abb. 8.10) besitzt eine vergleichsweise komplexe Charakteristik, sein Verhalten lässt sich aber recht gut aus der fluiddynamischen Ähnlichkeitstheorie ableiten. Wie oben erläutert, werden wir nur die Machähnlichkeit betrachten, weil sie das Verhalten des Kompressors (und der Turbine) ausreichend genau beschreiben lässt. Das tatsächliche Verhalten wird dann nur durch Anpassung einiger weniger charakteristischer Zahlen abgebildet.

Wir betrachten zwei geometrisch ähnliche Kompressoren und wählen als typische Länge L eine beliebige Abmessung, die gut messbar ist, hier den Außendurchmesser D der ersten Schaufel, $L = D$. Für die typische Geschwindigkeit der Strömung verwenden wir die Umfangsgeschwindigkeit des Laufrades $\vec{u}$, denn diese ist wegen der kinematischen Ähnlichkeit von gleicher Größenordnung wie alle Strömungsgeschwindigkeiten und dazu noch sehr einfach zu berechnen (Abb. 8.12). Wir nutzen dabei die überall in der Laufschaufel gültige Beziehung zwischen Relativgeschwindigkeit $\vec{w}$ (Strömungsgeschwindigkeit relativ zur rotierenden Schaufel) und Absolutgeschwindigkeit $\vec{c}$ (Strömungsgeschwindigkeit, die der außenstehende, ruhende Beobachter misst):

$$\vec{c} = \vec{w} + \vec{u}$$

Die axiale Anströmung der ersten Laufreihe ($\vec{c}_1$) überlagert sich mit der Umfangsgeschwindigkeit $\vec{u}$ der Schaufel zur Relativgeschwindigkeit $\vec{w}_1$. Diese wird durch

Abbildung 8.10 Geöffnete Gasturbine mit noch eingelegtem Rotor: Kompressorbeschaufelung (links und mittig), ganz rechts Turbinenbeschaufelung. Foto: Trianel-Kombikraftwerk in Hamm-Uentrop

die Krümmung der Schaufel beim Durchströmen leicht umgelenkt und verlässt die Schaufel mit $\vec{w}_2 = \vec{w}_3$. Aufgrund der Umlenkung in der Laufschaufel hat jetzt auch die Absolutgeschwindigkeit $\vec{c}_2$ eine Umfangskomponente in Rotationsrichtung $c_{2,u}$, deren kinetische Energie $c_{2,u}^2/2$ von der Laufschaufel auf die Strömung übertragen wurde. Diese kinetische Energie wird nun durch eine weitere Umlenkung in der nachfolgenden nicht rotierenden Leitschaufel wieder reduziert und nach der Bernoullischen Gleichung (oder der allgemeinen Energieerhaltung) theoretisch ganz in eine Druckerhöhung verwandelt:

$$p_4 - p_2 \approx \frac{\rho c_{2,u}^2}{2}$$

In der Praxis tritt noch durch den Reynoldszahleneffekt in der Grenzschicht an der Schaufelwand ein geringer Reibungsverlust auf, den wir aber in dieser Betrachtung vernachlässigen wollen. Außerdem wird bei der Druckerhöhung eines Gases auch die Temperatur erhöht, also die innere Energie. Anstelle der bernoullischen Gleichung mit Druckdifferenzen nehmen wir daher die Energiegleichung

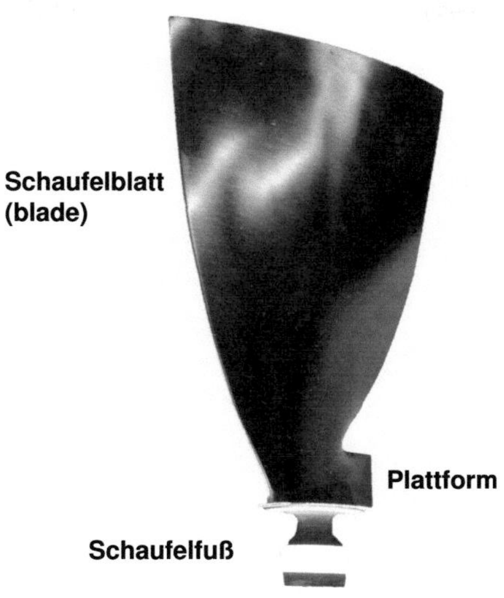

Abbildung 8.11   Fan-Blade eines Turbokompressors (Flugtriebwerk, MTU)

für die kompressible Strömung und berücksichtigen Druckerhöhung und innere Energieerhöhung mit der Enthalpie h:

$$\frac{p_4 - p_2}{\rho} \approx \frac{c_{2,u}^2}{2}$$

$$e_{i,4} - e_{i,2} + \frac{p_4 - p_2}{\rho} = \frac{c_{2,u}^2}{2}$$

$$h_4 - h_2 = \frac{c_{2,u}^2}{2}$$

Die letzte Gleichung gilt im reibungsfreien und im reibungsbehafteten Fall, warum werden wir gleich sehen.

Auch in der Laufschaufel werden Druck und Enthalpie erhöht, denn auch die Relativgeschwindigkeit w_2 ist aufgrund der Schaufelkrümmung kleiner als w_1. Der Unterschied in der kinetischen Energie wird in Enthalpieerhöhung umgewandelt. Daher gilt:

$$h_2 - h_1 = \frac{w_{1,u}^2}{2} - \frac{w_{2,u}^2}{2}$$

Erste Stufe eines Axialverdichters

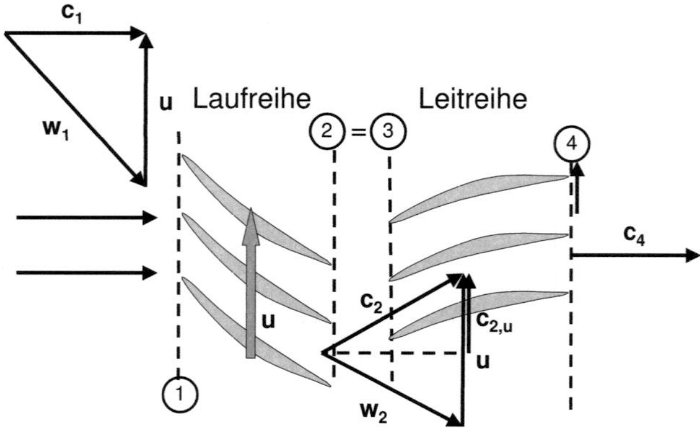

Abbildung 8.12   Erste Stufe eines Axialkompressors: Funktionsprinzip

Durch Betrachtung der Geometrie des Geschwindigkeitsdreieckes an der Stelle 2 (Abb. 8.12) können wir die kinetische Energie der Relativgeschwindigkeit daher auch wie folgt berechnen:

$$h_2 - h_1 = \frac{u^2}{2} - \frac{(u - c_{2,u})^2}{2} = \frac{u^2}{2} - \frac{u^2}{2} + 2\frac{uc_{2,u}}{2} - \frac{c_{2,u}^2}{2} = uc_{2,u} - \frac{c_{2,u}^2}{2}$$

Wenn wir daher die Enthalpieerzeugung der gesamten Stufe errechnen wollen, müssen wir nur die Enthalpieerhöhung der Laufreihe zur Enthalpieerhöhung der Leitreihe addieren:

$$h_4 - h_1 = (h_2 - h_1) + (h_4 - h_3) = uc_{2,u} - \frac{c_{2,u}^2}{2} + \frac{c_{2,u}^2}{2} = uc_{2,u}$$

Diese muss wiederum nach dem ersten Hauptsatz der Thermodynamik gleich der technischen Arbeit der adiabaten Verdichterstufe sein, also:

$$w_t = h_4 - h_1 = uc_{2,u}$$

Die Enthalpie wird also im reibungsfreien Fall, genauso wie im reibungsbehafteten Fall auf den Wert h_4 ansteigen (Abb. 8.13)!

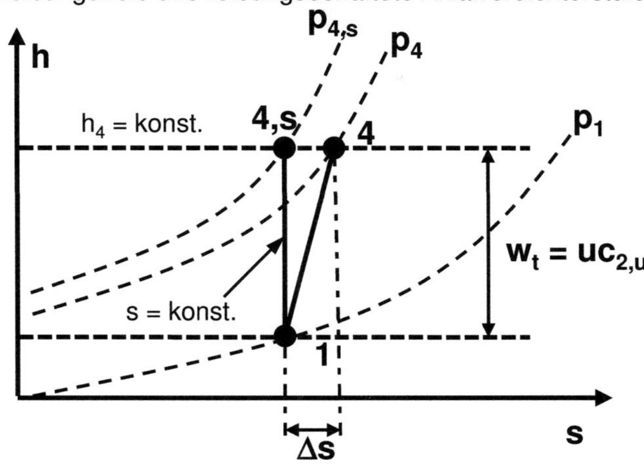

Abbildung 8.13   Reibungsfreie und reibungsbehaftete Kompression in einer Stufe

Der Wirkungsgrad dieser Kompression entscheidet aber, wieviel dieser Arbeit tatsächlich in eine Druckerhöhung umgewandelt wird, im reibungsfreien Verdichter wäre dies pro Stufe etwas mehr (Abb. 8.13).

Reduzierte Drehzahl des Kompressors

Aufgrund der Vorgabe der geometrischen und kinematischen Ähnlichkeit ist das Geschwindigkeitsdreieck vor der ersten Laufschaufel durch den Schaufelwinkel $\beta_{S,1}$ vorgegeben (Abb. 8.14). Der Strömungswinkel α_1 muss bei kinematischer Ähnlichkeit mit $\beta_{S,1}$ übereinstimmen:

$$\tan \alpha_1 = \tan \beta_{S,1} = \frac{u}{c_1}$$

Die Anströmgeschwindigkeit c_1 wird aus der Machzahl berechnet, die Laufradumfangsgeschwindigkeit aus der Drehzahl:

$$\tan \beta_{S,1} = \frac{\pi D n}{M_1 a_1} = \frac{\pi D n}{M_1 \sqrt{\kappa R T_1}}$$

Die Gleichung wird nach der Machzahl aufgelöst:

$$M_1 = \frac{\pi D n}{\tan \beta_{S,1} \sqrt{\kappa R T_1}} = n_{red}$$

Erste Stufe eines Axialverdichters

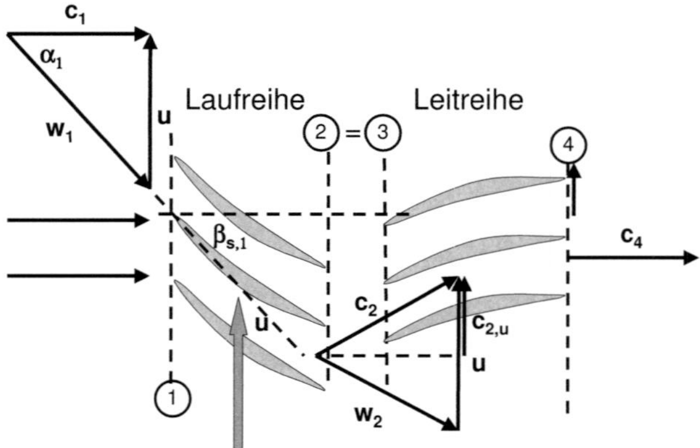

Abbildung 8.14 Schaufelwinkel β_S und Strömungswinkel α

Dieser Ausdruck wird häufig auch als reduzierte Drehzahl n_{red} bezeichnet, denn die Drehzahl wird mit dem Skalierungsfaktor der Geometrie (D, β_S) und den Eintrittsbedingungen (T_1) dimensionslos gemacht. Für vollständige Ähnlichkeit zweier Systeme (geometrisch, kinematisch, dynamisch) muss

$$M_1 = M_1'$$

gelten bzw.:

$$n_{1,red} = n_{1,red}'$$

$$\frac{\pi D n}{\tan \beta_{S,1} \sqrt{\kappa R T_1}} = \frac{\pi D' n'}{\tan \beta_{S,1} \sqrt{\kappa' R' T_1'}}$$

Alle Konstanten und der Winkel $\beta_{S,1}$ fallen aus der Gleichung heraus. Vollständig ähnliches Verhalten zweier geometrisch und kinematisch ähnlicher Systeme liegt daher vor, wenn:

$$n^* = \frac{n_{red}}{n_{red}'} = \frac{Dn}{D'n'} \frac{\sqrt{\kappa' R' T_1'}}{\sqrt{\kappa R T_1}} = 1$$

$$n^* = \frac{n_{red}}{n_{red}'} = \frac{Dn}{D'n'} \sqrt{\frac{T_1'}{T_1}} \sqrt{\frac{\kappa' R'}{\kappa R}} = 1$$

Die Veränderung der Stoffwerte am Verdichtereintritt wird hierbei berücksichtigt, weil feuchte Luft gerade bei hohen Temperaturen aufgrund des variablen

Wasserdampfgehaltes relativ große Veränderungen aufweisen kann. Eine Vernachlässigung ist daher nicht empfehlenswert. Trotzdem wird in der Literatur häufig die zweite Wurzel vernachlässigt. Mit der Gleichung können nun verschiedene Fälle betrachtet werden:

1. Fall: Zwei geometrisch ähnliche Maschinen am gleichen Betriebspunkt (κRT)

In diesem Fall gilt:

$$n^* = \frac{n_{red}}{n'_{red}} = \frac{Dn}{D'n'} = 1$$

$$\frac{n'}{n} = \frac{D}{D'}$$

Stationäre, einwellige Kraftwerks-Gasturbinen ohne Getriebe für den amerikanischen Markt haben eine an den Generator gekoppelte Wellendrehzahl von $n' = 60$ Hz. Im europäischen Raum und großen Teilen Asiens ist die Netzfrequenz (gleich Wellendrehzahl) dagegen $n = 50$ Hz. Das Durchmesserverhältnis D/D' bzw. alle Längenmaße der Turbomaschine L/L' müssen daher in diesem Verhältnis größer gebaut sein, um den gleichen aerodynamischen Betriebspunkt zu erhalten:

$$\frac{n'}{n} = \frac{D}{D'} = \frac{L}{L'} = 1,2$$

Der Ansaugquerschnitt A_1 skaliert sich somit quadratisch mit den Wellendrehzahlen:

$$\frac{A_1}{A'_1} = \frac{D^2}{D'^2} = 1,44$$

Damit werden auch Ansaugmassenstrom und Antriebsleistung des Kompressors im gleichen Verhältnis größer. Die gleiche Beziehung gilt auch für die Turbine, d.h. auch die Nutzleistung der Gasturbine ist um diesen Faktor größer. Allerdings werden Spalte s und Rauhigkeit k als ungewollte Geometrien bewusst nicht im gleichen Verhältnis skaliert, denn eine größere Maschine erlaubt es sowohl die relative Spaltweite s/D als auch die relative Rauhigkeit k/D kleiner herzustellen. Dadurch hat die größere Maschine (50 Hz) einen etwas besseren Wirkungsgrad und einen Leistungsfaktor, der leicht über dem theoretischen Wert von 1,44 liegt.

2. Fall: Die gleiche Maschine bei gleicher reduzierter Drehzahl

Es gilt $D = D'$ und somit

$$n^* = \frac{n}{n'}\sqrt{\frac{T'_1}{T_1}}\sqrt{\frac{\kappa' R'}{\kappa R}} = 1$$

$$\frac{n}{n'} = \sqrt{\frac{T_1}{T_1'}} \sqrt{\frac{\kappa R}{\kappa' R'}}$$

Vernachlässigt man den Einfluss von κR muss man an einem heißen Tag ($T_1 > T_1'$) den Kompressor bei einer höheren Antriebsdrehzahl betreiben, damit vollständige Ähnlichkeit erreicht wird. Dies kann allerdings normalerweise nur bei Flugtriebwerken mit freier Wellendrehzahl oder bei zweiwelligen Maschinen mit einem sogenannten Gasgenerator umgesetzt werden. Bei stationären Großturbinen (Heavy Duty) ist die Drehzahl nur beim Anfahren der Maschine frei, nicht jedoch im Leistungsbetrieb, dann gilt $n = n'$. In diesem Fall wird sich eine Erhöhung der Ansaugtemperatur genauso auswirken wie eine verringerte Drehzahl, denn die reduzierte Drehzahl (also die Anströmmachzahl) ist für $T_1 > T_1'$ nicht mehr gleich:

$$n^* = \sqrt{\frac{T_1'}{T_1}} \sqrt{\frac{\kappa' R'}{\kappa R}} < 1$$

Der Kompressor liefert weniger Masse an die Turbine und die Wellenleistung, der Prozessdruck und der Wirkungsgrad des Jouleprozesses sinken bei höherer Ansaugtemperatur aus der Umgebung.

3. Fall: Die gleiche Maschine bei unterschiedlicher reduzierter Drehzahl

Die reduzierte Drehzahl kann aufgrund unterschiedlicher Ansaugbedingungen (κ, R, T) oder unterschiedlicher Wellendrehzahlen größer oder kleiner als 1 sein. Die Maschine reagiert also, indem sich der Anströmwinkel kinematisch ähnlich einstellt, dafür aber die Anströmmachzahl, d.h. die Ansaugmenge angepasst wird. Insofern ist es unerheblich, ob zur Einstellung des korrekten Winkels $\tan \beta_{s,1}$ der Zähler ($u \sim n$), also die Drehzahl oder der Nenner ($\sqrt{\kappa R T}$), also die Schallgeschwindigkeit verändert wird. Beide Veränderungen haben die gleiche Wirkung auf Wirkungsgrad, Mengen und den Prozessdruck.

$$n^* = \frac{n}{n'} \sqrt{\frac{T_1'}{T_1}} \sqrt{\frac{\kappa' R'}{\kappa R}}$$

Bezug auf den Auslegungszustand der Maschine

Der Auslegungszustand oder Nennbetriebspunkt einer Turbomaschine wird englisch als reference point oder design point bezeichnet. Für den Kompressor werden dazu die Wellendrehzahl, die Ansaugtemperatur und die Zusammensetzung der Ansaugluft definiert. Im stationären Gasturbinenbau für Kraftwerke sind dies die sogenannten **ISO-Bedingungen** (ISO-conditions).

- Ansaugtemperatur $t_{1,ref} = 15°\mathrm{C}$, bzw. $T_{1,ref} = 288,15$ K.
- Wellendrehzahl n zur Auslegung (meist 50 oder 60 Hz, bei Getriebemaschinen entsprechend der Übersetzung auch höher).

- Eine relative Feuchte (relative humidity) von $RH = 60\%$

Der Auslegungszustand sollte den höchsten Wirkungsgrad repräsentieren, daher wird das Kompressorkennfeld auf diese Werte bezogen. Definitionsgemäß ist dadurch am Auslegungspunkt $n^* = 1$.

$$n^* = \frac{n}{n_{ref}} \sqrt{\frac{T_{1,ref}}{T_1}} \sqrt{\frac{(\kappa R)_{ref}}{\kappa R}}$$

Reduzierte Ansaugmenge des Kompressors

Auch die Ansaugmenge kann über die Machähnlichkeit als normierte Menge dargestellt werden. Der Massenstrom ist aufgrund der Kontinuitätsgleichung:

$$\dot{m}_1 = \rho_1 c_1 A_1$$

Die Geschwindigkeit wird wieder durch die Machzahl ersetzt, die Dichte aus der idealen Gasgleichung berechnet:

$$\dot{m}_1 = \frac{p_1}{RT_1} M_1 \sqrt{\kappa R T_1} A_1 = p_1 \sqrt{\frac{\kappa}{RT_1}} M_1 A_1$$

Auch diese Gleichung lösen wir nach der Machzahl auf:

$$M_1 = \frac{\dot{m}_1}{p_1 A_1} \sqrt{\frac{RT_1}{\kappa}}$$

Dieser Term wird als reduzierte Ansaugmenge m_{red} bezeichnet und ist ebenfalls wieder als Anströmmachzahl zu interpretieren, auch wenn wir die tatsächliche Eintrittsfläche A_1 durch das Quadrat der typischen Länge D ersetzen:

$$m_{red} = \frac{\dot{m}_1}{p_1 D^2} \sqrt{\frac{RT_1}{\kappa}}$$

Wir beziehen erneut zwei geometrisch und kinematisch ähnliche Maschinen aufeinander und erhalten:

$$m^* = \frac{m_{red}}{m'_{red}} = \frac{\dot{m}_1}{\dot{m}'_1} \frac{p'_1}{p_1} \frac{D'^2}{D^2} \sqrt{\frac{T_1}{T'_1}} \sqrt{\frac{R}{R'}} \sqrt{\frac{\kappa'}{\kappa}}$$

Wie bereits oben gezeigt wurde, wächst die Ansaugmenge bei gleichen Ansaugbedingungen (T_1, p_1, κ, R) mit dem Quadrat des Durchmessers der ersten Stufe. Für unterschiedliche Betriebsbedingungen der gleichen Maschine $(D^2 = D'^2)$ gilt jetzt:

$$\frac{\dot{m}_1}{\dot{m}'_1} = m^* \frac{p_1}{p'_1} \sqrt{\frac{T'_1}{T_1}} \sqrt{\frac{R'}{R}} \sqrt{\frac{\kappa}{\kappa'}}$$

Ein höherer Ansaugdruck und eine geringere Ansaugtemperatur erhöhen daher bei gleicher reduzierter Ansaugmenge m^* (d.h. gleicher Aerodynamik des Verdichters) den Massenstrom und die Leistung. Eine höhere Gaskonstante R aufgrund hoher Luftfeuchtigkeit verringert dagegen die Ansaugmenge, weil die Dichte der Luft dann bei gleicher Temperatur geringer ist. Die Veränderung des Isentropenexponenten hat genauso wie bei der reduzierten Drehzahl nur einen untergeordneten Einfluss, kann aber trotzdem problemlos berücksichtigt werden.

Auch die reduzierte Ansaugmenge wird wieder auf die Auslegungsbedingungen bezogen und nach dem Kürzen der Geometrie erhalten wir für einen bestimmten Verdichter den Zusammenhang:

$$m^* = \frac{m_{red}}{m_{red,ref}} = \frac{\dot{m}_1}{\dot{m}_{1,ref}} \frac{p_{1,ref}}{p_1} \sqrt{\frac{T_1}{T_{1,ref}}} \sqrt{\frac{R}{R_{ref}}} \sqrt{\frac{\kappa_{ref}}{\kappa}}$$

Modell

```
procedure compressor (VIGV, speed: double;
                      var is_eff, wt, ca_frac: double;
                      var flowin, flow_2, flowca, flowout: flow);
var T1, T2, T2is,  p1, p3, kap, A1, A2, A3, A_2, u1,
    m_dot, mstar, nstar, pistar, etastar, pi: double;
warning: boolean;
warningtext: string;
begin
  p1 := flowin.press;
  p3 := flowout.press;
  T1 := flowin.temp;
  A1 := flowin.area;
  A2 := flow_2.area;
  A3 := flowout.area;
  kap := flowin.kappa;
  if p3 < p1 then p3 := p1;
  flow_2 := flowin;
  flow_2.area := A2;
  flow_2.press := p3;
  flowout := flowin;
  flowout.area := A3;
  flowout.press := p3;

  nstar := speed/speed_ref*sqrt(T_ISO/flowin.temp);
  pistar := p3/p1 / pi_ref;
```

```
u1 := u1_ref*(speed/speed_ref);

comp_char (VIGV, pistar, nstar, u1, wt, mstar, etastar,
           warning, warningtext);
if warning then
begin
  writeln (warningtext); readln;
end;

{Calculation of mass flow}
pi := p3/p1;
m_dot := m_in_ref*mstar*p1/p_cmp1_ref
        *sqrt(T_ISO/T1*R_ref/flowin.gascon*flowin.kappa/kappa_ref);
flowin.mflow := m_dot;
flow_2.mflow := m_dot;

{Calculation of efficiency}
is_eff := eta_cmp_ref*etastar;

{Calculate outlet conditions}
T2is := T1 * exp((kap-1)/kap*ln(pi));
T2 := T1 + (T2is - T1)/is_eff;
flow_2.temp := T2;
flow_2.dens := p3/T2/flow_2.gascon;
flow_2.veloc := flow_2.mflow/A2/flow_2.dens;
flow_2.enth := flow_2.cp*(T2 - T0);
flow_2.entr := flow_2.gascon*(kap/(kap-1)*ln(T2/T0) - ln(p3/p0));

{Split-off cooling air and calculate specific work}
{Compressor does not change CA mass flow}
ca_frac := flowca.mflow/flowin.mflow;
flowsplit (flow_2, ca_frac, flowca, flowout);
wt := flow_2.enth - flowin.enth;
end; {compressor}
```

Kompressorcharakteristik und Verluste

Veränderung der Abströmbedingungen am Kompressoraustritt

Eine Veränderung der Eintrittsbedingungen der ersten Kompressorstufe zieht unweigerlich eine nicht mehr optimale Abströmung am Austritt der anderen Stufen, insbesondere auch der letzten Stufe nach sich. Selbst bei korrektem Anströmwinkel verändert sich die Abströmrichtung in jeder Stufe etwas. Während dieser Effekt in den ersten Stufen des Kompressors nur wenig an Wirkungsgradverlust nach sich zieht, verlieren besonders die letzten Stufen stärker an Wirkungsgrad, weil sich hier das geänderte Gesamtdruckverhältnis auf die Strömungsrichtung stärker auswirkt. Daher bestimmen wir den Fehlabströmwinkel an der letzten Stufe, d.h. der letzten Laufschaufel.

Die letzte Leitschaufel, die einen festen Sollanströmwinkel (Schaufelwinkel) α_S aufweist, der im Auslegungsfall natürlich exakt mit dem Strömungswinkel α_A übereinstimmen sollte, wird durch die Fehlanströmung einen zusätzlichen Stoßverlust aufweisen. Als Maß für die technische Verlustarbeit dieses Stoßes $w_{t,V}$ nehmen wir das Quadrat der Geschwindigkeitsdifferenz der Umfangskomponente $\Delta c_{A,u} = |c_{A,u} - c_{A,u,ref}|$ und bestimmen den geänderten Wirkungsgrad mit Hilfe eines charakteristischen Faktors, der den Effekt am Austritt auf das Verhalten jeder einzelnen Stufe überträgt. Der isentrope Wirkungsgrad bei geänderten Betriebsbedingungen wird im Verhältnis zum Auslegungswert bei anderen Betriebsbedingungen daher wie folgt ermittelt:

$$\eta_{s,C} = \frac{w_{t,rev}}{w_t + w_{t,V}} = \frac{\eta_{s,C,ref}}{1 + \frac{w_{t,V}}{w_t}}$$

$$\eta^* = \frac{\eta_{s,C}}{\eta_{S,C,ref}} = \frac{1}{1 + \frac{w_{t,V}}{w_t}} = \frac{1}{1 + \frac{w_{t,V}}{c_p T1\left(\frac{T2}{T1} - 1\right)}}$$

Damit ist die grundsätzliche Form dieses Verlustmodells:

$$\eta^* = \frac{1}{1 + K_0 \left|\frac{w_{t,V}}{c_p T_1}\right|},$$

Wie oben geschildert, werden wir den zusätzlichen Verlust aufgrund der Fehlabströmung $w_{t,V}$ aus der geänderten Umfangskomponente am Kompressoraustritt bestimmen.

$$\eta^* = \frac{1}{1 + K_0 \frac{(\Delta c_{A,u})^2}{c_p T_1}} = \frac{1}{1 + K_0(\kappa - 1)\frac{(\Delta c_{A,u})^2}{\kappa R T_1}}$$

Fehlabströmung am Kompressoraustritt (incidence-Winkel)

Der Abströmwinkel der letzten Stufe im Absolutsystem wird aus dem Verhältnis der Umfangskomponente zur Axialkomponente bestimmt (Abb. 8.15):

$$\tan \alpha_A = \frac{c_{A,u}}{c_{A,ax}}$$

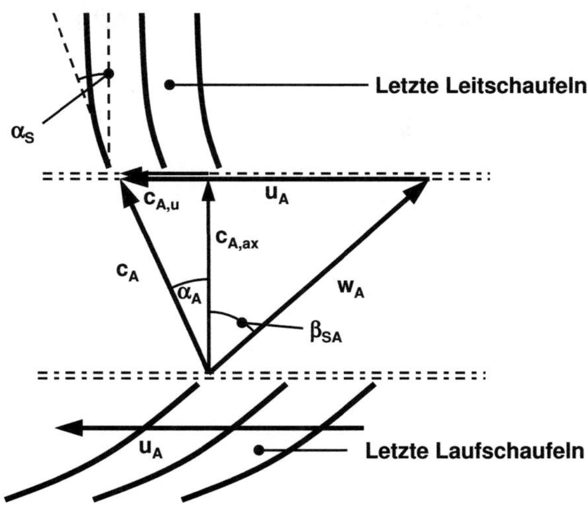

Abbildung 8.15 Strömungs- und Schaufelwinkel am Austritt

Aus $\vec{c} = \vec{w} + \vec{u}$ erhalten wir für die Axial- und Umfangskomponente:

$$c_{A,ax} = w_{A,ax}$$

$$c_{A,u} = w_{A,u} + u_A$$

Die Abströmrichtung der letzten Laufschaufel wird durch deren Schaufelaustritts-winkel bestimmt (Vorzeichen beachten!):

$$w_{A,u} = -\tan\beta_{S,A} \; c_{A,ax}$$

Der Abströmwinkel der letzten Stufe im Absolutsystem ist daher:

$$\tan\alpha_A = -\tan\beta_{S,A} + \frac{u_A}{c_{A,ax}}$$

Im Referenzfall soll dieser gleich dem Leitschaufelwinkel sein:

$$\tan\alpha_S = -\tan\beta_{S,A} + \frac{u_{A,ref}}{c_{A,ax,ref}}$$

Der gesuchte Geschwindigkeitsunterschied ist also:

$$
\begin{aligned}
|\Delta c_{A,u}| &= |c_{A,ax}\tan\alpha_A - c_{A,ax,ref}\tan\alpha_S| \\
&= |(c_{A,ax,ref} - c_{A,ax})\tan\beta_{S,A} + (u_A - u_{A,ref})|
\end{aligned}
$$

Dieser Ausdruck muss jetzt noch etwas umgeformt werden, um die Hauptabhängigkeiten herauszuarbeiten.

$$|\Delta c_{A,u}| = \left|\left(1 - \frac{c_{A,ax}}{c_{A,ax,ref}}\right) c_{A,ax,ref}\tan\beta_{S,A} + u_{A,ref}\left(\frac{u_A}{u_{A,ref}} - 1\right)\right|$$

Während die erste Klammer offensichtlich von der Ansaugmenge und der Austrittsdichte abhängig ist, letztlich also von m^*, ist die zweite Klammer von der Wellendrehzahl bestimmt. Wir bilden das Verhältnis zur Umfangsgeschwindigkeit im Referenzfall:

$$\frac{|\Delta c_{A,u}|}{u_{A,ref}} = \left|\left(1 - \frac{c_{A,ax}}{c_{A,ax,ref}}\right)\frac{c_{A,ax,ref}}{u_{A,ref}}\tan\beta_{S,A} + \left(\frac{u_A}{u_{A,ref}} - 1\right)\right|$$

$$\frac{|\Delta c_{A,u}|}{u_{A,ref}} = \left|\left(1 - \frac{\dot{m}}{\dot{m}_{ref}}\frac{\rho_{2,ref}}{\rho_2}\right)\frac{c_{A,ax,ref}}{u_{A,ref}}\tan\beta_{S,A} + \left(\frac{n}{n_{ref}} - 1\right)\right|$$

$$= \left|\left(1 - m^*\frac{p_1}{p_{1,ref}}\sqrt{\frac{T_{1,ref}}{T_1}}\frac{\rho_{2,ref}}{\rho_2}\right)\frac{M_{A,ref}}{n_{red,ref}}\frac{D}{D_2}\sqrt{\frac{T_{2,ref}}{T_{1,ref}}}\tan\beta_{S,A} + \left(\frac{n}{n_{ref}} - 1\right)\right|$$

$$= \left|\left(1 - m^*\frac{\rho_1}{\rho_2}\frac{\rho_{2,ref}}{\rho_{1,ref}}\sqrt{\frac{T_1}{T_{1,ref}}}\right)\frac{M_{A,ref}}{n_{red,ref}}\frac{D}{D_2}\sqrt{\frac{T_{2,ref}}{T_{1,ref}}}\tan\beta_{S,A} + \left(\frac{n}{n_{ref}} - 1\right)\right|$$

Alternative vereinfachte Darstellung der Verluste

In einer vereinfachten Darstellung dieses Sachverhaltes können wir annehmen, dass im Referenzfall die Abströmung der letzten Laufschaufel bereits axial ist, $c_A = c_{A,ax}$. Gedanklich entspicht dies einer verlustfreien Leitschaufel. Die Fehlabströmung ist dann der verbleibenden Umfangskomponente im Absolutsystem zuzuordnen und damit $w_{t,V} \sim c_{A,u}^2$. Die Strömungs- und Schaufelwinkel am Austritt sind daher von gleicher Größenordnung:

$$\tan\alpha_A = \tan\beta_{S,A} = \frac{u_A}{c_A} = \frac{\pi n D_A}{M_A\sqrt{\kappa R T_A}}$$

In dieser Gleichung können wir auch die Eintrittsbedingungen ersetzen, indem wir erweitern:

$$\tan\alpha_A = \frac{\pi n D}{M_A\sqrt{\kappa R T_1}}\frac{D_A}{D}\sqrt{\frac{T_1}{T_A}}$$

Vollständige Ähnlichkeit der Kompressorströmung verlangt auch gleiche Abströmmachzahl, die wir genauso wie oben als reduzierte Drehzahl am Austritt auffassen können:

$$M_A = n_{red,A} = \frac{\pi n D}{\tan\alpha_A\sqrt{\kappa R T_1}}\frac{D_A}{D}\sqrt{\frac{T_1}{T_A}} = \frac{n_{red,1}}{\tan\alpha_A}\frac{D_A}{D}\sqrt{\frac{T_1}{T_A}}$$

In gleicher Weise definieren wir aus der Kontinuitätsgleichung eine reduzierte Masse:

$$M_A = m_{red,A} = \frac{\dot{m}_A}{p_A D_A^2} \sqrt{\frac{RT_A}{\kappa}} = m_{red,1} \frac{p_1}{p_A} \frac{D^2}{D_A^2} \sqrt{\frac{T_A}{T_1}}$$

Beide reduzierte Größen werden aus der gleichen Machzahldefinition abgeleitet, daher müsste bei einem vollständig ähnlichen Verhalten eines Verdichters auch am Austritt das Verhältnis beider Werte gleich sein:

$$\frac{m_{red,A}}{n_{red,A}} = \frac{m_{red,1}}{n_{red,1}} \tan \alpha_A \frac{p_1}{p_A} \frac{D^2}{D_A^2} \sqrt{\frac{T_A}{T_1}} \frac{D}{D_A} \sqrt{\frac{T_A}{T_1}}$$

$$\frac{m_{red,A}}{n_{red,A}} = \frac{m_{red,1}}{n_{red,1}} \tan \alpha_A \frac{p_1}{p_A} \frac{D^3}{D_A^3} \frac{T_A}{T_1} = \frac{m_{red,1}}{n_{red,1}} \tan \alpha_A \frac{\rho_1}{\rho_A} \frac{D^3}{D_A^3}$$

$$\frac{m_{red,A}}{n_{red,A}} = \frac{m_{red,1}}{n_{red,1}} \tan \alpha_A \frac{\rho_1}{\rho_A} \frac{D^3}{D_A^3}$$

Wenn also bei gleicher Geometrie am Eintritt Machähnlichkeit vorliegt, d.h. die beiden reduzierten Größen am Eintritt gleich sind, und geometrische Ähnlichkeit ohnehin vorausgesetzt wird, ist die Machähnlichkeit am Austritt immer noch vom Dichteverhältnis abhängig.

Vergleichen wir den Referenzzustand mit dem aktuellen Betriebszustand, ergibt sich aus der Gleichheit der Verhältnisse die Bedingung für die Änderung des Austrittswinkels.

$$\frac{m_{red,A}}{n_{red,A}} \frac{n_{red,A,ref}}{m_{red,A,ref}} = \frac{m_{red,1}}{n_{red,1}} \frac{\tan \alpha_A}{\tan \alpha_{A,ref}} \frac{\rho_1}{\rho_A} \frac{D^3}{D_A^3} \frac{n_{red,1,ref}}{m_{red,1,ref}} \frac{\rho_{A,ref}}{\rho_{1,ref}} \frac{D_A^3}{D^3}$$

$$\frac{m_A^*}{n_A^*} = \frac{m^*}{n^*} \frac{\tan \alpha_A}{\tan \alpha_{A,ref}} \frac{\rho_1}{\rho_A} \frac{\rho_{A,ref}}{\rho_{1,ref}}$$

Das Dichteverhältnis der Kompression kann näherungsweise aus dem Druckverhältnis der isentropen Kompression ermittelt werden, also:

$$\frac{m_A^*}{n_A^*} = \frac{m^*}{n^*} \frac{\tan \alpha_A}{\tan \alpha_{A,ref}} \left(\frac{p_A}{p_1} \frac{p_{1,ref}}{p_{A,ref}} \right)^{\frac{1}{\kappa}}$$

Damit kann also die Veränderung des Abströmwinkels auf das Gegendruckverhältnis der Turbine sowie m^* und n^* am Eintritt zurückgeführt werden.

$$\frac{m_A^*}{n_A^*} = \frac{m^*}{n^*} \frac{\tan \alpha_A}{\tan \alpha_{A,ref}} \pi^{*\frac{1}{\kappa}}$$

Ausgangspunkt der Betrachtung war die Größenordnung der Abströmwinkel, das Ergebnis der Änderung ist die Proportionalität

$$\frac{\tan \alpha_A}{\tan \alpha_{A,ref}} \sim \frac{1}{\pi^{*\frac{1}{\kappa}}}$$

bzw.

$$\frac{\tan \alpha_A}{\tan \alpha_{A,ref}} \sim \frac{\rho_A}{\rho_1}\frac{\rho_{1,ref}}{\rho_{A,ref}}$$

Die Wirkungsgradveränderung wird durch den Zusatzverlust beschrieben:

$$\eta_{s,K} = \frac{w_{t,rev}}{w_t + w_{t,V}} = \eta_{s,K,ref}\frac{1}{1 + w_{t,V}/w_t}$$

Der Zusatzverlust ist wiederum proportional zum Quadrat der Geschwindigkeitsabweichung der Umfangskomponente, wobei bei kleinen Winkeln näherungsweise Sinus und Tangens gleichgesetzt werden. Die Wirkungsgradveränderung wird durch den Zusatzverlust beschrieben:

$$w_{t,V} \sim \left(\frac{\tan \alpha_A}{\tan \alpha_{A,ref}} - 1\right)^2$$

Sie kann daher näherungsweise auch durch diese vereinfachte Betrachtung bestimmt werden:

$$\eta^* = \frac{\eta_{s,K}}{\eta_{s,K,ref}} = \frac{1}{1 + K\left(\frac{\tan \alpha_A}{\tan \alpha_{A,ref}} - 1\right)^2}$$

$$\eta^* = \frac{\eta_{s,K}}{\eta_{s,K,ref}} = \frac{1}{1 + K\left(\frac{\rho_A}{\rho_1}\frac{\rho_{1,ref}}{\rho_{A,ref}} - 1\right)^2}$$

Die hier im Gegensatz zur genaueren Herleitung nicht mehr vorhandene Abhängigkeit von der spezifischen Drehzahl n^* kann über die Variation der Konstanten K erfolgen, z.B. in der Form:

$$K = \frac{K_0}{n^*} \text{ für } n^* \leq 1$$

$$K = K_0 n^* \text{ für } n^* > 1$$

Charakteristik des Kompressors

Aus den hergeleiteten Grundbeziehungen kann jetzt die Form der Charakteristiken hergeleitet werden. Die reduzierte Ansaugmengencharakteristik wird offensichtlich nur vom Druckverhältnis (d.h. dem Gegendruck der Turbine) und der reduzierten Drehzahl beeinflusst. Daher stellen wir das gesamte Kompressorverhalten in Bezug auf die Referenzwerte dar, diese sind dann später im Berechnungsprogramm lediglich Skalierungswerte. Üblicherweise wird das Druckverhältnis des Kompressors π^* über dem reduzierten Massenstrom m^* aufgetragen, mit n^* als Parameter. Im Programm wird dann die Umkehrfunktion ermittelt, also die reduzierte Masse aus dem Druckverhältnis und der reduzierten Drehzahl bestimmt.

$$\pi^* = \frac{\pi}{\pi_{ref}} = f(m^*, n^*)$$

Die Wirkungsgradcharakteristik wird wie oben gezeigt vor allem vom Druckverhältnis am Kompressor beeinflusst, daher

$$\eta^* = \frac{\eta}{\eta_{ref}} = f(\pi^*)$$

Allerdings wird auch der Abströmverlust durch n^* leicht beeinflusst, was wir durch eine Überlagerung (Superposition) beider Effekte berücksichtigen:

$$\eta^* = \frac{\eta}{\eta_{ref}} = f(\pi^*, n^*)$$

Den typischen Verlauf einer Massenstromcharakteristik kann man Abbildung 8.16 entnehmen. Im Bereich $n^* \approx 1$ verlaufen die Drehzahllinien sehr steil, d.h. der Massenstrom bleibt auch bei deutlich höherem Gegendruck der Turbine fast gleich und verringert sich nur wenig. Bei niedrigeren Drehzahlen oder höheren Ansaugtemperaturen ist die Massenstromreduktion ausgeprägter. Eine Absenkung der reduzierten Drehzahl unter den Wert 1 führt außerdem zu einer ähnlich großen Absenkung der Ansaugmenge m^*, während eine Anhebung von n^* auf Werte über 1 zu einem immer geringeren Zuwachs an Ansaugmenge führt. Ab etwa einem Wert von $n^* = 1,2$ ist kaum noch eine Mengenerhöhung feststellbar, der Kompressor hat seine maximal mögliche Ansaugmenge erreicht. Man bezeichnet dieses Verhalten als die Stopfgrenze des Verdichters. Ursache ist das Erreichen der Schallgeschwindigkeit in einem Querschnitt, so dass eine weitere Erhöhung der Ansaugmenge nicht mehr möglich ist.

Approximation einer realistischen Charakteristik

Die oben beschriebene Charakteristik wird von den Herstellern von Kompressoren nicht nur mit Hilfe der numerischen Strömungssimulation errechnet, sondern meistens auch in aufwendigen Messreihen ausgemessen. Dabei werden auch die numerisch nur schwer vorhersehbaren Betriebsgrenzen, die Stabilitätsgrenze (rotating stall) und die Pumpgrenze (surge) ermittelt. Charakteristiken werden mit

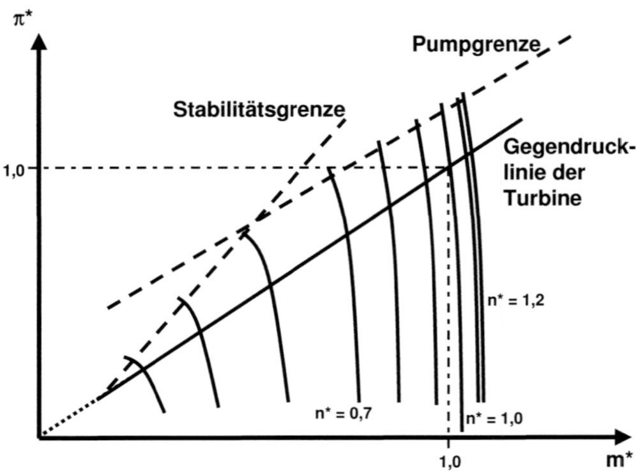

Abbildung 8.16   Typisches Massenstromkennfeld eines Axialkompressors

Hilfe eines mit den Messergebnissen validierten Berechnungsmodells erzeugt, die dann in den Performancemodellen eingesetzt werden. Es ist unmittelbar einsichtig, dass dieser Validierungsprozess ein zeitlich und finanziell aufwendiger Vorgang ist.

Für uns kommt das hier nicht in Frage. Wenn wir eine Charakteristik in das Modell einbauen wollen, müssen wir dies auf Basis der oben genannten physikalischen Beziehungen in Verbindung mit veröffentlichten Messungen des Verhaltens typischer Axialverdichter tun. Wir erstellen damit ein teilempirisches Modell, dessen Charakteristik sich dann an andere Messdaten schnell anpassen lassen sollte. Gelingt uns dies, können wir letztlich auch die Charakteristiken bestimmter Kompressoren emulieren, sobald genügend viele Messwerte zur Validierung vorliegen.

Massenstrom-Druck-Charakteristik

Der Verlauf der $n^* = const$ Linien lässt sich recht gut durch Viertelellipsen mit hoher Exzentrizität approximieren (Abb. 8.17). Bei kleineren Werten von n^* wird die stärkere Krümmung durch eine entsprechend geringere Exzentrizität simuliert. Jede Drehzahllinie wird daher durch zwei Werte charakterisiert, den Wert m^* für $\pi^* = 0$ (kleine Halbachse a) und den Wert von π^* für $m^* = 0$ (große Halbachse b).

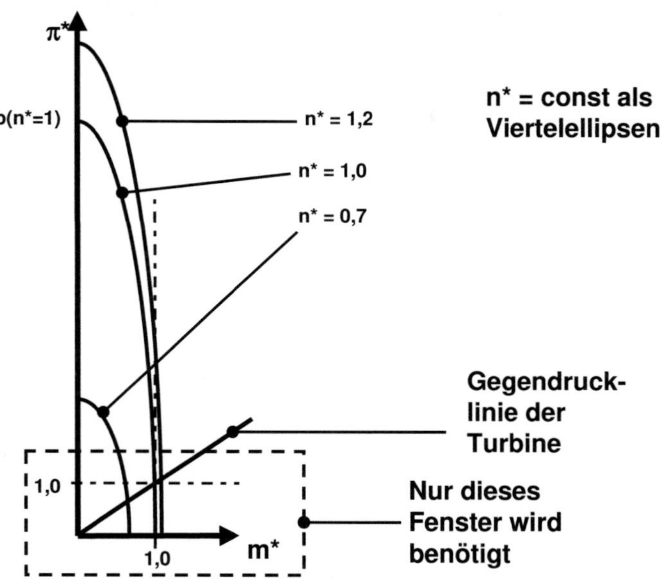

Abbildung 8.17 Approximation der Drehzahllinien als Viertelellipsen

Die Charakteristiklinien gehorchen dann jeweils der Ellipsengleichung

$$\left(\frac{m^*}{a}\right)^2 + \left(\frac{\pi^*}{b}\right)^2 = 1$$

bzw.

$$m^* = a\sqrt{1 - \left(\frac{\pi^*}{b}\right)^2}$$

jeweils für $\pi^* < b$.

Die Linie $n^* = 1$ muss zwingend durch den Punkt $m^* = \pi^* = 1$ laufen, daher ist die kleine Halbachse a dieser Linie etwas größer als 1. Legt man allerdings mit dem Wert $b_1 = b(n^* = 1)$ als Streckungsfaktor der großen Halbachse (z.B. $b_1 = 7$) die Exzentrizität fest, kann man mit dieser Bedingung auch die kleine Halbachse a_1 bestimmen. Es ist am Auslegungspunkt:

$$\left(\frac{1}{a_1}\right)^2 + \left(\frac{1}{b_1}\right)^2 = 1$$

$$a_1 = a(n^* = 1) = \frac{1}{\sqrt{1 - \left(\frac{1}{b}\right)^2}}$$

Für $b_1 = 10$ ergibt sich hieraus ein Streckungsfaktor der kleinen Halbachse von 1,005, für $b_1 = 7$ wäre der Streckungsfaktor etwa 1,01. Mit dieser Vorgabe für die Drehzahllinie $n^* = 1$ werden dann die großen und kleinen Halbachsen aller anderen Drehzahllinien mit Hilfe einer Approximationsfunktion in Abhängigkeit von n^* bestimmt. Dabei wird das unterschiedliche Verhalten für $n^* \leq 1$ und $n^* > 1$ berücksichtigt.

Kleine Halbachsen Wir bestimmen die kleinen Halbachsen für $n^* \leq 1$ durch die folgende Funktion:

$$a(n^*) = m_0^*(n^*) = a_1 \frac{1 + A_1}{1 + \frac{A_1}{n^*}} \text{ für } n^* \leq 1$$

Den Wert der Konstanten A_1 können wir aus einer Drehzahllinie eines bekannten Kompressors bestimmen, z.B. für $n_g^* = 0,7$. Kennen wir diese Drehzahllinie und schneidet diese die Achse bei $m^* = m_g^*$, lässt sich A_1 direkt berechnen:

$$\frac{m_g^*}{a_1} = \frac{1 + A_1}{1 + \frac{A_1}{n_g^*}}$$

$$A_1 = \frac{\frac{m_g^*}{a_1} - 1}{1 - \frac{m_g^*}{n_g^* a_1}}$$

Für $n^* > 1$ muss der Anstieg der kleinen Halbachse stark gemindert werden, was über eine Exponentialfunktion folgender Form erreicht wird:

$$a(n^*) = m_0^*(n^*) = a_1 \frac{1 - e^{-A_2 n^*}}{1 - e^{-A_2}} \text{ für } n^* > 1$$

Eine Anpassung des Wertes von A_2 kann auf ähnliche Weise wie bei A_1 erfolgen. Ein Wert von $A_2 \approx 2,5 \ldots 3$ ist recht realistisch.

Große Halbachsen Die großen Halbachsen werden für alle n^* einheitlich durch die folgende Funktion beschrieben:

$$b(n^*) = \pi_0^*(n^*) = b_1 \frac{1 + A_3}{1 + \frac{A_3}{n^*}}$$

Den Wert von A_3 passt man am besten so an, dass die gewählte Drehzahllinie n_g^* in der Krümmung stimmt und der Wert von b_1 ergibt sich aus der Linie $n^* = 1$. Für

b_1 ist ein Wert von $b_1 \approx 7\ldots10$ passend, für A_3 ein Wert von $A_3 \approx 3\ldots5\ldots10$. Noch größere Werte von A_3 verändern die Form der Kurven kaum noch.

Wirkungsgradcharakteristik

Für die Wirkungsgradcharakteristik verwenden wir zunächst die vereinfachte Herleitung, wobei diese natürlich jederzeit durch die verbesserte Version ersetzt werden kann. Das Grundprinzip, von der einfachen Darstellung kommend, die Modellierung gegebenenfalls zu verfeinern, sollte immer beachtet werden.

$$\eta^* = \frac{\eta_{s,K}}{\eta_{s,K,ref}} = \frac{1}{1 + K\left(\frac{\rho_A}{\rho_1}\frac{\rho_{1,ref}}{\rho_{A,ref}} - 1\right)^2}$$

Realistischere Ergebnisse erzielt man durch eine geringe Variation der Konstanten K in der Form:

$$K = \frac{K_0}{n^*} \text{ für } n^* \leq 1$$

$$K = K_0 n^* \text{ für } n^* > 1$$

VIGV-Verstellung (variable inlet guide vane)

Die Rotorschaufeln sind vom Winkel her fest eingestellt und können in der Regel nicht verstellt werden. Eine Regelung der Ansaugmenge über die Wellendrehzahl ist bei stationären Maschinen nicht möglich, weil diese entweder direkt oder über ein Getriebe vom elektrischen Generator vorgegeben ist. Wenn man trotz im wesentlichen konstanter Drehzahl die Ansaugmenge verändern will, kann dies über eine verstellbare Vorleitreihe geschehen, die der Strömung bereits vor der ersten Laufschaufel einen Vordrall verleiht. Nachdem die Absolutgeschwindigkeit c_1 vor dem Kompressor wegen der Bernoulligleichung durch die statische Druckdifferenz im Ansaugsystem festgelegt ist, bewirkt der Vordrall ein Absinken der Axialkomponente $c_{1,ax}$ und damit auch des Ansaugmassenstroms. Meist wird im Nennbetrieb die Vorleitreihenstellung nicht voll offen gewählt, damit in gewissen Grenzen eine geringe Erhöhung des Massenstroms gegenüber dem Auslegungswert eine Leistungskorrektur nach oben ermöglicht.

In unserer Betrachtung gehen wir jedoch vom Nennbetrieb mit voll geöffneter Vorleitreihe also dem maximalen Volumenstrom aus (Abb. 8.18).

In dieser Vorleitreihenstellung sei der Massenstrom immer maximal, also 100%. In diesem Fall ist die Eintrittsgeschwindigkeit c_1, die wegen der Druckdifferenz von der Umgebung zum Kompressoreintritt nahezu konstant ist, rein axial, d.h. die Umfangskomponente ist null.

$$c_{1,ax} = c_1 \quad c_{1,u} = 0$$

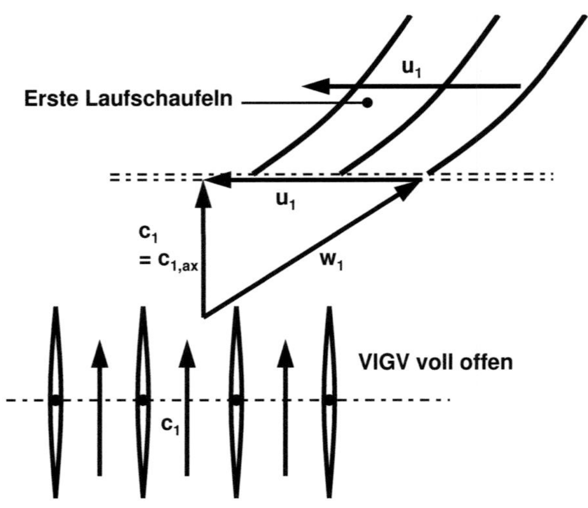

Abbildung 8.18   Vorleitreihe VIGV voll geöffnet

Der Massenstrom ist dann maximal:

$$\dot{m}_{max} = \rho_1 c_{1,ax} A_1 = \rho_1 c_1 A_1$$

Wird die Vorleitreihe nun um einen bestimmten Winkel α zugedreht, erhält die Eintrittsgeschwindigkeit eine Drallkomponente zulasten der Axialkomponente (Abb. 8.19).

Es gilt dann bei angenommener, unveränderter Gesamtgeschwindigkeit c_1:

$$c_{1,ax} = c_1 \cos \alpha_E \quad c_{1,u} = c_1 \sin \alpha_E$$

Dementsprechend reduziert sich auch der Massenstrom:

$$\dot{m} = \rho_1 c_{1,ax} A_1 = \dot{m}_{max} \cos \alpha_E$$

Die Annahme konstanter Geschwindigkeit c_1 ist zwar nicht exakt, stimmt aber bei ansonsten unveränderten Umgebungsbedingungen in ausreichender Genauigkeit. Die VIGV-Stellung wird aufgrund dieser Beziehung meist nicht als Winkel angegeben, sondern gleich als Prozentsatz einer Massenbeziehung. Nachdem wir hier als 100% den Fall voll offen betrachten, ist der Massenstrom einfach zu berechnen:

$$VIGV(\%) = \frac{\dot{m}}{\dot{m}_{max}} \cdot 100\% = \cos \alpha_E \cdot 100\%$$

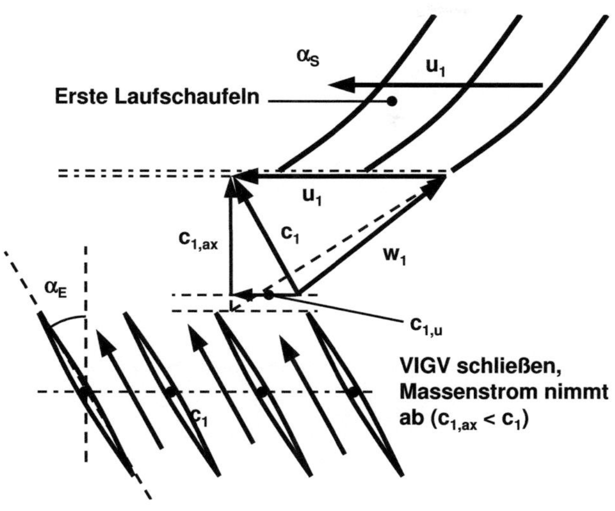

Abbildung 8.19 Vorleitreihe VIGV schließt

Bei schließender Vorleitreihe wird allerdings auch eine leichte Fehlanströmung der ersten Laufreihe auftreten, wie Abbildung 8.19 zeigt. Ähnlich wie am Austritt wird auch diese Fehlanströmung zu einer Reduzierung des Kompressorwirkungsgrades führen, denn beim Eintritt in die Schaufel wird die Geschwindigkeitskomponente schlagartig angepasst (Stoß). Im Auslegungsfall gilt:

$$\tan \beta_{s,1} = \frac{c_1}{u_1}$$

Der Anströmwinkel ändert sich bei gedrehter VIGV:

$$\tan \alpha = \tan(\beta_{s,1} + \Delta\beta) = \frac{c_{1,ax}}{u_1 - c_{1,u}} = \frac{c_1}{u_1} \frac{\cos \alpha_E}{1 - \frac{c_1}{u_1} \sin \alpha_E}$$

$$\tan \alpha = \tan \beta_{s,1} \frac{\cos \alpha_E}{1 - \tan \beta_{s,1} \sin \alpha_E}$$

Die Anströmwinkeländerung ist daher

$$\frac{\tan(\beta_{s,1} + \Delta\beta)}{\tan \beta_{s,1}} = \frac{\cos \alpha_E}{1 - \tan \beta_{s,1} \sin \alpha_E}$$

Der Fehlanströmwinkel (incidence angle) ist also nur eine Funktion des VIGV-Winkels und der Maschinengeometrie. Aus den Additionstheoremen der Trigonometrie ergibt sich unmittelbar die Winkelabweichung:

$$\tan(\beta_{s,1} + \Delta\beta) = \frac{\tan\beta_{s,1} + \tan\Delta\beta}{1 - \tan\beta_{s,1}\tan\Delta\beta}$$

$$\frac{\tan(\beta_{s,1} + \Delta\beta)}{\tan\beta_{s,1}} = \frac{1 + \frac{\tan\Delta\beta}{\tan\beta_{s,1}}}{1 - \tan\beta_{s,1}\tan\Delta\beta} = \frac{\cos\alpha_E}{1 - \tan\beta_{s,1}\sin\alpha_E} = C(\alpha_E, \beta_{s,1})$$

Dies lässt sich nach dem Fehlanströmwinkel auflösen:

$$\tan\Delta\beta = \frac{C(\alpha_E, \beta_{s,1}) - 1}{\frac{1}{\tan\beta_{s,1}} + C(\alpha_E, \beta_{s,1})\tan\beta_{s,1}}$$

Die durch einen Stoß ausgeglichene Fehlanströmgeschwindigkeit der Relativkomponente ist

$$\frac{\Delta w_u}{w_{1,u}} = \frac{\tan(\beta_{s,1} + \Delta\beta)}{\tan\beta_{s,1}} - 1 = C(\alpha_E, \beta_{s,1}) - 1$$

Der Stoßverlust dieser Fehlanströmung reduziert wieder den Wirkungsgrad:

$$\eta_{s,K,\alpha} = \frac{w_{t,rev}}{w_t + w_{t,V}} = \eta_{s,K,ref}\frac{1}{1 + \frac{w_{t,V}}{w_t}}$$

$$\frac{\eta_{s,K,\alpha}}{\eta_{s,K,ref}} = \frac{1}{1 + \zeta_\alpha\frac{[(C-1)w_{1,\alpha,u}]^2}{2c_p(T_2 - T_1)}}$$

Hierbei ist

$$C = C(\alpha_E, \beta_{s,1}) = \frac{\cos\alpha_E}{1 - \tan\beta_{s,1}\sin\alpha_E}, \quad \zeta_\alpha \approx 1$$

und

$$w_{1,\alpha,u} = c_{1,\alpha,u} - u_1 = \sin\alpha_E c_1 - u_1 = u_1(\tan\beta_{s,1}\sin\alpha_E - 1)$$

Modell

```
procedure comp_char (VIGV, pistar, nstar, u1, wt: double;
                 var mstar, etastar: double;
                 var warning: boolean; var warningtext: string);
{Compressor characteristics are simulated by function, which is
  fairly correct on turbine operational line for nstar = 0,9;
  nstar = 1,0 and nstar = 1,1.


  Characteristics are elliptical curves for nstar = const, where the
  value of mstar for pistar = 0 is tuned hyperbolical for nstar < 1
  by value of A1 and exponential for nstar > 1 by value of A0.
  pistar for mstar = 0 is tuned by A2.}
```

```pascal
const
  mstar1 = 0.835;
  nstar1 = 0.9;
  mstar2 = 1.02;
  nstar2 = 1.1;
  pifactor = 7.0;
  mstar0 = 1/sqrt(1.0 - 1.0/sqr(pifactor));
  A0 = 2.5;
  A1 = -(1 - mstar1)/(1 - mstar1/nstar1);
  A2 = 100.0;
  K0 = 2.0; {Influence of outflow incidence angle on efficiency}
  K1 = 0.3; {Influence of nstar on efficiency}
  Sge0 = 1.0;
  Sge1 = 1.1; {Surge line}
  Stab0 = 0.0;
  Stab1 = 10.0; {Stability line}
  zeta_alpha = 1.0;

var f1, f2, pistar0, tan_beta_rel, pi_surge, pi_stab,
    alpha1, C1, w1alpha_u, Dw_u: double;

begin
  {Scaling factors}
  if nstar <= 1.0 then
    f1 := (1.0 + A1)/(1.0 + A1/nstar)
  else
    f1 := (1.0 - exp(-A0*nstar))/(1.0 - exp(-A0));
  f2 := (1.0 + A2)/(1.0 + A2/nstar);

  {Reduced mass flow}
  mstar := mstar0*f1*sqrt(1.0 - sqr(pistar/(pifactor*f2)));
  tan_beta_rel := 1.0 / exp(1.0/kappa_ref*ln(pistar));
  etastar := 1.0/(1.0 + K0*sqr(tan_beta_rel - 1.0));
  if nstar <= 1.0 then
    etastar := etastar*(1.0 + K1)/(1.0 + K1/nstar)
  else
    etastar := etastar*(1.0 + K1)/(1.0 + K1*nstar);

  {Check for compressor surge and stability (rotating stall)}
  warning := false;
```

```
warningtext := ' - ';
pi_surge := (Sge1-Sge0/pi_ref)*mstar + Sge0/pi_ref;
if pistar >=  pi_surge then
begin
  warning := true;
  warningtext := 'Warning: Compressor surge! pi* = ';
      {+ pistar:5:3 + '; pi_surge = ' + pisurge:5:3);}
end;
pi_stab := (Stab1-Stab0/pi_ref)*mstar + Stab0/pi_ref;
if pistar >=  pi_stab then
  if warning then
    warningtext := 'Warning: Compressor surge and stall! pi* = '
        {, pistar:5:3, '; pi_surge = ', pi_surge:5:3,
          '; pi_stall = ', pi_stab:5:3)}
  else
  begin
    warning := true;
    warningtext := 'Warning: Compressor Stall! pi* = ';
              {, pistar:5:3, '; pi_stall = ', pi_stab:5:3);}
  end;


{Correct massflow and efficiency for VIGV position}
mstar := mstar*VIGV;
{arccos is not defined in Pascal!}
alpha1 := arctan(sqrt(1.0-sqr(VIGV))/VIGV);
C1 := VIGV/(1.0 - tan_betas1_ref*sin(alpha1));
w1alpha_u := u1*(tan_betas1_ref*sin(alpha1) - 1.0);
etastar := etastar/(1.0 + zeta_alpha*sqr((C1-1.0)*w1alpha_u)
                                /(2.0*wt));
end; {comp_char}
```

Brennkammer

Hauptaufgabe der Brennkammer ist natürlich die Erhöhung der Temperatur vor
der Turbine entweder bis zu einem vorgegebenen Sollwert (Maximalwert) oder
bis die Turbine eine bestimmte Wellenleistung erzeugt. Dazu muss ein Regelkreis
eingebaut werden, bei dem die Brennstoffmenge so variiert wird, dass eine vorgegebene Heißgastemperatur erreicht wird oder eine bestimmte Abgastemperatur
nach der Turbine eingehalten wird oder eine bestimmte Wellenleistung gefahren
wird.

Die Temperaturregelung der Heißgastemperatur ist dabei am einfachsten im Programm umzusetzen, weil keine anderen Bauteile benötigt werden, der Regelkreis kann im Brennkammermodell umgesetzt werden. In der echten Turbinenregelung ist dieser Betriebsmodus dagegen in der Regel nicht vorgesehen, denn die Heißgastemperatur wird nicht direkt gemessen, sondern indirekt aus der Abgastemperatur nach der Turbine bestimmt, damit eine vorgegebene Obergrenze nicht überschritten wird.

Die Brennstoffmenge wird dann über eine Leistungsanforderung eingeregelt, solange nicht der Temperaturbegrenzer der Abgastemperatur die Mengenregelung übernimmt. Programmtechnisch muss das Brennkammermodul mit einem realistischen Regler also Sollwert und Istwert der Leistung übergeben bekommen und die Brennstoffmenge hieraus neu bestimmen. Zusätzlich muss der Abgastemperaturwert (TET = turbine exit temperature) und sein oberes Limit übergeben werden, denn wenn der Istwert der TET noch unter dem limit ist, darf die Brennstoffmenge weiter erhöht werden, wenn der Istwert der TET dagegen bereits über dem Limit liegt, muss die Brennstoffmenge auch dann reduziert werden, wenn der Leistungsregler ein Auflasten verlangt. Eine Reduzierung der Brennstoffmenge aufgrund des Eingreifens des Limiters hat also Vorrang vor den Sollwerten des Leistungsreglers (priorisierte Regelung).

In der Brennkammer wird nicht nur die Temperatur erhöht, sondern auch aufgrund der Verbrennung des Brennstoffs mit der Verdichterluft die Zusammensetzung erheblich geändert: Der Sauerstoffgehalt im Abgas sinkt erheblich, der Wasserdampfanteil und der Kohlendioxidanteil steigen deutlich an. In der Folge wird die Abgaszusammensetzung zur Turbine gegen die Frischluft erheblich geändert, ebenso verändern sich die Stoffwerte Gaskonstante R, Wärmekapazität c_p und Isentropenexponent κ, obwohl moderne Gasturbinen mit erheblichem Luftüberschuss gefahren werden.

Eine weitere wichtige Funktion der Brennkammer ist, dass sie eine statische Druckdifferenz erzeugen muss, welche die Kühlluftversorgung der hochbelasteten Bauteile (insbesondere die erste Stufe der Turbine, die Brennkammerwände und das Einlaufsegment zwischen Brennkammer und Turbine) sicherstellt. Neben der statischen Druckdifferenz durch die Beschleunigung der Verbrennungsluft vor der Ausbrandzone in den Brennern erzeugt die Brennkammer auch einen statischen Druckverlust aufgrund der notwendigen Strömungsverzögerung in der Flammzone, um die heiße Flamme an einer bestimmten Position zu stabilisieren.

Eine stabile Verbrennung wird heute durch aerodynamische Flammhaltung erzielt: Die Verbrennungszone eines Brennstoff/Luftgemischs besitzt eine bestimmte Flammfrontgeschwindigkeit v_F, in den Brennern ist die Geschwindigkeit des unverbrannten Gemisches dagegen zwingend größer als v_F, sonst zerstört die sehr heiße Flamme die Brenner. Durch eine plötzliche Querschnittserweiterung wird die Geschwindigkeit des zündfähigen Gemischs in der Brennkammer auf eine Geschwindigkeit unter der Flammfrontgeschwindigkeit v_F abgebremst, so dass sich genau an der Stelle, an der die Strömungsgeschwindigkeit gleich der Flammfrontgeschwindigkeit v_F ist, die (möglichst stabile) Flamme einstellt. Die plötzliche Querschnittserweiterung führt dabei (neben den Effekten der Verbrennung) zu einem Druckverlust der Brennkammer aufgrund des Carnotverlustes.

Das Brennkammermodell muss also folgende Funktionen erfüllen:

- Ein Regelkreis, der die Brennstoffmenge nach bestimmten äußeren Vorgaben einstellt: Entweder Leistungsregelung mit Limiter durch den TET-Ist-/Sollwertvergleich oder eine direkte Heißgastemperaturregelung.
- Eine Verbrennungsrechnung mit der Brennstoffmenge, die dann die Abgaszusammensetzung mit geänderten Stoffwerten ergibt.
- Einen funktionstechnisch wichtigen und möglichst konstanten Druckverlust erzeugen, der letztlich den Kühlluftverbrauch der Maschine beeinflusst.

Stöchiometrische Verbrennungsrechnung

Für jeden Brennstoff mit individueller Zusammensetzung muss eine eigene Verbrennungsrechnung durchgeführt werden. Insbesondere Erdgas aus unterschiedlichen Quellen kann in der Zusammensetzung erheblich variieren, von fast reinem Methan (russische Quellen) bis hin zu erheblichen Anteilen an höherkettigen Kohlenwasserstoffen wie Butan, Propan, Ethan usw. sowie inerten Gasen (Stickstoff, Kohlendioxid), beispielsweise in Nordsee-Gasquellen. In diesen Betrachtungen verwenden wir nur Methan als Beispiel, die Berechnung bei anderen Brennstoffen erfolgt analog hierzu.

Die Verbrennungsgleichung von 1 kmol Methan lautet:

$$1 \text{ kmol } CH_4 + 2 \text{ kmol } O_2 \rightarrow 1 \text{ kmol } CO_2 + 2 \text{ kmol } H_2O + 50000 \text{ kJ/kg}$$

Die Verbrennung erfolgt bei Methan ohne Volumenveränderung (3 kmol werden zu 3 kmol), so dass die freiwerdende Reaktionsenergie, der (untere) Heizwert H_u des Brennstoffs, direkt als Enthalpieerhöhung in Erscheinung tritt. Bei Verbrennung mit Volumenveränderung muss dagegen die Volumenänderungsarbeit berücksichtigt werden.

Die Verbrennungsgleichung wird mit Hilfe der Molmassen der beteiligten Stoffe von der Stoffmengenangabe kmol auf die Stoffmengenangabe kg umgerechnet:

$$16 \text{ kg } CH_4 + 64 \text{ kg } O_2 \rightarrow 44 \text{ kg } CO_2 + 36 \text{ kg } H_2O + 800\,000 \text{ kJ}$$

Die Gleichung für die Verbrennung von 1 kg Brennstoff ist daher:

$$1 \text{ kg } CH_4 + 4 \text{ kg } O_2 \rightarrow 2,75 \text{ kg } CO_2 + 2,25 \text{ kg } H_2O + 50\,000 \text{ kJ}$$

Die Verbrennung erfolgt nicht mit reinem Sauerstoff, sondern mit Luft, d.h. wir addieren noch die sich an der Verbrennung nicht beteiligenden Anteile der Luft, insbesondere Stickstoff und Argon. Dazu kommt bei feuchter Luft noch ein variabler Anteil an Wassedampf, der nicht zu vernachlässigen ist. Alle anderen Bestandteile der Luft sind nur in Spuren vorhanden (auch Kohlendioxid) und werden ignoriert. In guter Näherung gilt für *trockene* Luft:

$$1 \text{ kmol Luft} = 0{,}781 \text{ kmol N}_2 + 0{,}21 \text{ kmol O}_2 + 0{,}009 \text{ kmol Ar} + 0 \text{ kmol H}_2\text{O}$$

$$28{,}95 \text{ kg Luft} = 21{,}88 \text{ kg N}_2 + 6{,}72 \text{ kg O}_2 + 0{,}36 \text{ kg Ar} + 0 \text{ kg H}_2\text{O}$$

Um 4 kg Sauerstoff zur stöchiometrischen Verbrennung von 1 kg Methan der Verbrennung zuzuführen, benötigt man daher eine Luftmenge von:

$$17{,}23 \text{ kg Luft} = 13{,}02 \text{ kg N}_2 + 4 \text{ kg O}_2 + 0{,}21 \text{ kg Ar} + 0 \text{ kg H}_2\text{O}$$

Die **Mindestluftmenge** bei der Verbrennung von Methan ist:

$$L_{\min} = 17{,}23 \frac{\text{kg Luft}}{\text{kg Methan}}$$

Wird mit Luftüberschuss gefahren, ist die tatsächliche Luftmenge L und die Luftzahl λ:

$$L = \lambda L_{\min} = \lambda \; 17{,}23 \frac{\text{kg Luft}}{\text{kg Methan}}$$

Die Verbrennungsgleichung in der Stoffmenge kg bei der stöchiometrischen Verbrennung von Methan mit trockener Luft ist also:

$$1 \text{ kg CH}_4 + 4 \text{ kg O}_2 + 13{,}02 \text{ kg N}_2 + 0{,}21 \text{ kg Ar}$$
$$\rightarrow 2{,}75 \text{ kg CO}_2 + 2{,}25 \text{ kg H}_2\text{O} + 13{,}02 \text{ kg N}_2 + 0{,}21 \text{ kg Ar}$$

Die Abgasmenge ist $L_{\min} + 1$ kg, also 18,23 kg. Die Massenanteile g_i im stöchiometrischen Abgas sind:

- $g_{N2} = 0{,}7142$
- $g_{CO2} = 0{,}1509$
- $g_{H2O} = 0{,}1234$
- $g_{Ar} = 0{,}0115$

Damit können sowohl die Gaskonstante als auch die Wärmekapazität des stöchiometrischen Abgases bestimmt werden. Die angegebenen Werte der Wärmekapazitäten sind nur Anhaltswerte, da sie nur für niedrige Temperaturen gültig sind, bei den tatsächlichen Verbrennungstemperaturen sind sie in der Regel deutlich größer:

- $c_{p,\mathrm{N2}} = 1040$ J/kgK, $R_{\mathrm{N2}} = 296,8$ J/kgK
- $c_{p,\mathrm{CO2}} = 850$ J/kgK, $R_{\mathrm{CO2}} = 189,0$ J/kgK
- $c_{p,\mathrm{H2O}} = 1850$ J/kgK, $R_{\mathrm{H2O}} = 461,9$ J/kgK
- $c_{p,\mathrm{Ar}} = 524$ J/kgK, $R_{\mathrm{Ar}} = 208,1$ J/kgK

$$R_{\mathrm{St}} = \sum_{i=1}^{4} g_i R_i = 300 \text{ J/kgK}$$

$$c_{p,\mathrm{St}} = \sum_{i=1}^{4} g_i c_{p,i} = 1105 \text{ J/kgK}$$

$$c_{v,\mathrm{St}} = c_{p,\mathrm{St}} - R_{\mathrm{St}} = 805 \text{ J/kgK}$$

Die Werte werden daher gegenüber den Werten der Luft deutlich verändert ($R_L = 287\ldots289$ J/kgK, $c_{p,L} = 1010$ J/kgK). Auch der Isentropenexponent κ sinkt von 1,40 auf 1,37 ab, was für die Expansion in der Turbine hohe Bedeutung hat.

Verbrennung mit Luftüberschuss

Wenn die Verbrennung nun mit einer Luftzahl $\lambda > 1$ erfolgt, können aus der soeben berechneten Zusammensetzung des stöchiometrischen Abgases und dem Verhalten der Ansaugluft des Kompressors die Stoffwerte der tatsächlichen Abgaszusammensetzung zur Turbine berechnet werden:

Die Überschussluftmenge ist $(\lambda-1)L_{\mathrm{min}}$. Die gesamte Abgasmenge ist $(\lambda L_{\mathrm{min}}+1)$. Der Massenanteil der Überschussluft ist daher:

$$g_{L,E} = \frac{(\lambda - 1)L_{\mathrm{min}}}{\lambda L_{\mathrm{min}} + 1}$$

Der Anteil der stöchiometrischen Verbrennungsprodukte im Abgas ist dann

$$g_{St,E} = \frac{L_{\mathrm{min}} + 1}{\lambda L_{\mathrm{min}} + 1}$$

Gaskonstante, Wärmekapazitäten und Isentropenexponent des Abgases sind dann:

$$R_{\mathrm{A}} = g_{L,E} R_L + g_{St,E} R_{\mathrm{St}}$$

$$c_{p,\mathrm{A}} = g_{L,E} c_{p,L} + g_{St,E} c_{p,\mathrm{St}}$$

$$c_{v,\mathrm{A}} = c_{p,\mathrm{A}} - R_{\mathrm{A}}$$

Freiwerdende Verbrennungswärme

Die freiwerdende Verbrennungswärme stammt zu großen Teilen aus der Veränderung der Nullpunktsenthalpien der Ausgangsstoffe gegenüber den Reaktionsprodukten. Diese werden in kalorimetrischen Versuchen ermittelt und die (negative) freiwerdende fühlbare Wärme wird als Heizwert bezeichnet. Beim Kalorimeterversuch wird dabei die Kondensation des Wasserdampfes durch genügend viel Überschussluft verhindert, so dass der untere Heizwert (heute nur noch Heizwert im Unterschied zum Brennwert genannt) gemessen wird. Nachdem das Wasser im Abgas der Brennkammer ebenfalls gasförmig bleibt, kann der Heizwert H_u direkt in der Energiebilanz zur Berechnung der Abgasenthalpie verwendet werden. Bei der nach außen adiabaten Verbrennung ohne äußere Arbeit wird im stationären Vorgang nur die Enthalpie der Stoffe geändert:

$$\sum_i \dot{m}_i \left(h_i + \frac{c_i^2}{2} \right) = 0$$

Enthalpiewerte werden dabei mit ihren Nullpunktswerten h_0 berücksichtigt, $h = h_i + h_0$. Wegen der Stoffumwandlung fallen diese nämlich nicht wie sonst heraus. In die Brennkammer treten der Brennstoffstrom $\dot{m}_{Br}$, der Sauerstoff zur Verbrennung $\dot{m}_{O2}$ sowie die restlichen nicht an der Verbrennung beteiligten (inerten) Stoffe aus der Luft $\dot{m}_{L,i}$ ein. Heraus kommen die Reaktionsprodukte $\dot{m}_{Br} + \dot{m}_{O2}$ sowie die nicht reagierenden Stoffe $\dot{m}_{L,i}$.

$$\dot{m}_{Br} \left(h_{1,Br} + h_{0,Br} + \frac{c_{1,Br}^2}{2} \right) + \dot{m}_{O2} \left(h_{1,O2} + h_{0,O2} + \frac{c_{1,O2}^2}{2} \right)$$

$$+ \dot{m}_{L,i} \left(h_{1,L,i} + h_{0,L,i} + \frac{c_{1,L,i}^2}{2} \right)$$

$$-(\dot{m}_{Br} + \dot{m}_{O2}) \left(h_{2,RP} + h_{0,RP} + \frac{c_{2,RP}^2}{2} \right) - \dot{m}_{L,i} \left(h_{2,L,i} + h_{0,L,i} + \frac{c_{2,L,i}^2}{2} \right) = 0$$

Die Nullpunktsenthalpien der inerten Bestandteile der Luft fallen offensichtlich heraus. Die anderen Nullpunktsenthalpien werden separat von den fühlbaren Enthalpien dargestellt:

$$\dot{m}_{Br} h_{0,Br} + \dot{m}_{O2} h_{0,O2} - (\dot{m}_{Br} + \dot{m}_{O2}) h_{0,RP} +$$

$$\dot{m}_{Br} \left(h_{1,Br} + \frac{c_{1,Br}^2}{2} \right) + \dot{m}_{O2} \left(h_{1,O2} + \frac{c_{1,O2}^2}{2} \right) + \dot{m}_{L,i} \left(h_{1,L,i} + \frac{c_{1,L,i}^2}{2} \right)$$

$$-(\dot{m}_{Br} + \dot{m}_{O2}) \left(h_{2,RP} + \frac{c_{2,RP}^2}{2} \right) - \dot{m}_{L,i} \left(h_{2,L,i} + \frac{c_{2,L,i}^2}{2} \right) = 0$$

Die Nullpunktsenthalpieänderung wird nach Ausklammern des Brennstoffmassenstroms als Heizwert H_u bezeichnet.

$$\dot{m}_{Br} h_{0,Br} + \dot{m}_{O2} h_{0,O2} - (\dot{m}_{Br} + \dot{m}_{O2}) h_{0,RP} =$$

$$\dot{m}_{Br} \left[h_{0,Br} + \frac{\dot{m}_{O2}}{\dot{m}_{Br}} h_{0,O2} - \left(1 + \frac{\dot{m}_{O2}}{\dot{m}_{Br}} \right) h_{0,RP} \right] = \dot{m}_{Br} H_u$$

Damit wird implizit die Definitionstemperatur des Heizwertes auf den Enthalpienullpunkt festgelegt. Der Energieumsatz in der Brennkammer kann daher aus dem Heizwert des Brennstoffes ermittelt werden:

$$\dot{m}_{Br}H_u + \dot{m}_{Br}\left(h_{1,Br} + \frac{c_{1,Br}^2}{2}\right) + \dot{m}_{O2}\left(h_{1,O2} + \frac{c_{1,O2}^2}{2}\right) + \dot{m}_{L,i}\left(h_{1,L,i} + \frac{c_{1,L,i}^2}{2}\right)$$

$$-(\dot{m}_{Br} + \dot{m}_{O2})\left(h_{2,RP} + \frac{c_{2,RP}^2}{2}\right) - \dot{m}_{L,i}\left(h_{2,L,i} + \frac{c_{2,L,i}^2}{2}\right) = 0$$

Die Verbrennungsprodukte und die inerten Bestandteile der Luft können jetzt zum Abgasstrom zusammengefasst werden, weil sie durchmischt sind und daher auch die gleiche Temperatur und die gleiche Geschwindigkeit besitzen:

$$(\dot{m}_{Br} + \dot{m}_{O2} + \dot{m}_{L,i})\left(h_{2,A} + \frac{c_{2,A}^2}{2}\right) = \dot{m}_{Br}H_u + \dot{m}_{Br}\left(h_{1,Br} + \frac{c_{1,Br}^2}{2}\right) +$$

$$\dot{m}_{O2}\left(h_{1,O2} + \frac{c_{1,O2}^2}{2}\right) + \dot{m}_{L,i}\left(h_{1,L,i} + \frac{c_{1,L,i}^2}{2}\right)$$

Der Sauerstoff zur Verbrennung und die inerten Bestandteile der Luft sind gleich dem zugeführten Luftstrom und haben daher ebenfalls gleiche Temperatur und gleiche Geschwindigkeit. Dadurch entsteht die vollständige Energieumsetzung bei der Verbrennung in der nach außen adiabaten Brennkammer:

$$\dot{m}_A\left(h_{2,A} + \frac{c_{2,A}^2}{2}\right) = \dot{m}_{Br}\left(H_u + h_{1,Br} + \frac{c_{1,Br}^2}{2}\right) + \dot{m}_L\left(h_{1,L} + \frac{c_{1,L}^2}{2}\right)$$

Druckverlust der Brennkammer

Die Strömungsgeschwindigkeiten in der Brennkammer liegen im niedrigen Unterschallbereich, d.h. Verluste können mit ausreichender Genauigkeit aus einer inkompressiblen Rechnung mit Hilfe eines Druckverlustbeiwertes ermittelt werden. Die Bernoullische Gleichung der inkompressiblen Strömung wird unter Vernachlässigung der potentiellen Energie aus der vollständigen Energiebilanz an der Brennkammer hergeleitet. Trennt man die Enthalpie nach ihrer Definition in innere Energie und das Produkt von p und v auf, erhält man die Bernoullische Gleichung:

$$\frac{p_1}{\rho_1} + \frac{c_1^2}{2} = \frac{p_2}{\rho_2} + \frac{c_2^2}{2} + \frac{\Delta p_V}{\rho_1}$$

Der Druckverlust wird dabei auf die Eintrittsdichte bezogen, was lediglich Definitionssache ist, weil der Druckverlustbeiwert ζ in der inkompressiblen Strömung in der Regel auf die kinetische Energie der Strömung am Eintritt in das Bauteil bezogen wird:

$$\Delta p_V = \zeta \rho_1 \frac{c_1^2}{2}$$

Aufgrund der im Vergleich zu tropfbaren Flüssigkeiten relativ kleinen Dichte von Gasen ist der Zahlenwert des Druckverlustbeiwerts ζ bei noch inkompressibler Gasströmung in der Regel größer. Es ergibt sich:

$$\frac{p_1}{\rho_1} + \frac{c_1^2}{2} = \frac{p_2}{\rho_2} + \frac{c_2^2}{2} + \zeta \frac{c_1^2}{2}$$

$$p_2 = \rho_2 \left(\frac{p_1}{\rho_1} + (1 - \zeta) \frac{c_1^2}{2} - \frac{c_2^2}{2} \right)$$

Der Druck am Austritt muss dann iterativ bestimmt werden, weil man die Dichte am Austritt zunächst annehmen und dann korrigieren muss. Wenn man die Dichteänderung vernachlässigt und ihre (ohnehin geringe) Wirkung letztlich im Zahlenwert von ζ berücksichtigt, wird eine Iteration unnötig und wir erhalten:

$$p_2 = p_1 + (1 - \zeta)\rho_1 \frac{c_1^2}{2} - \rho_1 \frac{c_2^2}{2}$$

Modell

```
procedure combustor (TIThg: double; var fuelflow: fuel;
                            var flowin, flowout: flow);

{flowout pressure and  other data of flowin is input
flowin  pressure ist set by combustor, as well as exit conditions.
If TIThg is set, fuel flow is calculated, if fuel flow is set,
T2 is calculated}

const epsilon = 1e-6;

var g1, g2, g1E, g2E, T1, T2, p1, p2, p1old, A1, A2, c1, c2,
    d1, d1old, kap, m1, mfuel, Dmfuel, epsp, epsd, epsT: double;
    temp_control: boolean;

begin
  {Store Geometry}
  A1  := flowin.area;
  c1  := flowin.veloc;
  T1  := flowin.temp;
  p1  := flowin.press;
  d1  := flowin.dens;
  m1  := flowin.mflow;
  kap := flowin.kappa;
```

```pascal
A2 := flowout.area;
{Use local variables (shorter!!!)}
p2 := flowout.press;
T1 := flowin.temp;
{Check for pressures}
if TIThg < 0 then
begin
  writeln ('WARNING: Fuel flow set to fixed value '
          ,'in Combustor mfuel = ', fuelflow.mflow:7:3, ' kg/s');
  temp_control := false;
end
else
begin
  writeln ('Temperature control in Combustor: Thg = ',
            (TIThg-T0):7:2, 'deg C');
  temp_control := true;
end;

{Initialise flowout, reset geometry and pressure}
flowout := flowin;
flowout.area  := A2;
flowout.press := p2;
{Calculate inlet pressure}
repeat
  d1old := d1;
  p1old := p1;
  p1 := p2 + zeta_cmb_ref* d1/2 * sqr(c1);
  {Correct T1 by isentropic calculation of pressure ratio new/old}
  T1 := T1*exp((kap-1)/kap *ln(p1/p1old));
  d1 := p1/flowin.gascon/T1;
  c1 := flowin.mflow/A1/d1;
  epsd := abs((d1-d1old)/d1old);
  epsp := abs((p1-p1old)/p1old);
until (epsd < epsilon) and (epsp < epsilon);
flowin.press := p1;
flowin.dens  := d1;
flowin.temp  := T1;
flowin.veloc := c1;
write ('Pressure loss combustor Dp/p = ', (p1-p2)/p1:6:4, ' - ');
{readln;}
```

```pascal
{Calculate outlet conditions}
{Simplified combustion calculation}
if temp_control then
begin
  if TIThg <= T1 then TIThg := T1;
  T2 := TIThg;
end;
c2 := 0;
if temp_control then
begin
  mfuel := flowin.mflow*flowin.cp*(T2-T1)
           /(fuelflow.Hu+fuelflow.hf-flowout.cp*T2);
  Dmfuel := 0;
  repeat
    mfuel := mfuel + Dmfuel;
    g1 := m1/(m1+mfuel); {Air to combustor}
    g2 := mfuel/(m1+mfuel);  {fuel to combustor}
    g1E := g1 - fuelflow.st_air*g2; {Exhaust gas air}
    g2E := g2*(1+fuelflow.st_air);  {Exhaust gas comb. products}

    flowout.mflow := m1 + mfuel;
    flowout.enth := g1*(flowin.enth + sqr(c1)/2)
            + g2*(fuelflow.Hu+fuelflow.hf)  -  sqr(c2)/2;
    flowout.cp := g1E*flowin.cp +  g2E*fuelflow.cp_st;
    flowout.cv := g1E*flowin.cv +  g2E*fuelflow.cv_st;
    flowout.gascon := g1E*flowin.gascon
                     + g2E*(fuelflow.cp_st-fuelflow.cv_st);
    flowout.kappa := flowout.cp/flowout.cv;
    kap := flowout.kappa;
    T2 := flowout.enth/flowout.cp + T0;
    flowout.dens  := p2/(T2*flowout.gascon);
    c2 := flowout.mflow/(flowout.dens*flowout.area);
    dmfuel := flowin.mflow*flowout.cp*(TIThg-T2)
              /(fuelflow.Hu+fuelflow.hf-flowout.cp*T2);
    epsT := abs(T2-TIThg)/TIThg;
  until epsT < epsilon;
end
else
begin
  mfuel := fuelflow.mflow;
  Dmfuel := 0;
```

```pascal
  repeat
    mfuel := mfuel + Dmfuel;
    g1 := m1/(m1+mfuel); {Air to combustor}
    g2 := mfuel/(m1+mfuel);  {fuel to combustor}
    g1E := g1 - fuelflow.st_air*g2; {Exhaust gas air}
    g2E := g2*(1+fuelflow.st_air);  {Exhaust gas comb. products}
    flowout.mflow := m1 + mfuel;
    flowout.enth := g1*(flowin.enth + sqr(c1)/2)
           + g2*(fuelflow.Hu+fuelflow.hf)  -  sqr(c2)/2;
    flowout.cp := g1E*flowin.cp +  g2E*fuelflow.cp_st;
    flowout.cv := g1E*flowin.cv +  g2E*fuelflow.cv_st;
    flowout.gascon := g1E*flowin.gascon
                  + g2E*(fuelflow.cp_st-fuelflow.cv_st);
    flowout.kappa := flowout.cp/flowout.cv;
    kap := flowout.kappa;
    T2 := flowout.enth/flowout.cp + T0;
    flowout.dens  := p2/(T2*flowout.gascon);
    c2 := flowout.mflow/(flowout.dens*flowout.area);
    if T2 < T_HG_max then
    begin
      dmfuel := 0;
      epsT := 0;
    end
    else
    begin
      writeln ('WARNING: Fuel massflow too high, reducing temp.!');
      writeln ('WARNING: T2 = ', (T2-T0):8:2, 'deg C');
      dmfuel := flowin.mflow*flowout.cp*(T_HG_max-T2)
            /(fuelflow.Hu+fuelflow.hf-flowout.cp*T2);
      epsT := abs(T2-T_HG_max)/T_HG_max;
    end;
  until epsT < epsilon;
end;
flowout.entr  := flowout.gascon*(kap/(kap-1)*ln(T2/T0) - ln(p2/p0));
flowout.temp := T2;
flowout.veloc := c2;
fuelflow.mflow := mfuel;
writeln ('MAIN COMBUSTOR DATA');
writeln ('CMB: Fuel flow: ', fuelflow.mflow:6:3, ' kg/s');
writeln ('CMB: Fuel Hu:   ', fuelflow.Hu/1e6:6:3, ' MJ/kg');
writeln ('CMB: Fuel hf:   ', fuelflow.hf/1000:6:3, ' kJ/kg');
```

```
  writeln ('CMB: Fuel cp:    ', fuelflow.cp_st:8:1, ' J/kgK');
  writeln ('CMB: Fuel cv:    ', fuelflow.cv_st:8:1, ' J/kgK');
  writeln ('CMB: THG:        ', TIThg:8:1, ' K');
  writeln ('CMB: THG (act): ', T2:8:1, ' K');
  write ('CMB: Press RETURN...'); {readln;}
end; {combustor}
```

Turbine

Abbildung 8.20 Aus dem Gehäuse gehobener Gasturbinenrotor: Kompressorbeschaufelung (links), inneres Hitzeschild der Brennkammer (weiße Kacheln), Turbinenbeschaufelung und abgasseitiger Lagerträger („Stern"). Unten links: Lufteinlass Kompressor. Foto: Trianel-Kombikraftwerk in Hamm-Uentrop

Beim Turbinenmodell sind grundsätzlich mehrere Varianten möglich. Nachdem die Kühlluft in modernen Gasturbinen an verschiedenen Stellen der Turbine mit unterschiedlichem Druck benötigt wird, wird auch im Verdichter nicht nur Verdichterendluft abgezweigt, sondern nach verschiedenen Stufen mit einem zur Empfängerseite passenden Druck. Der Vorteil ist offensichtlich: Wenn die Kühlluft

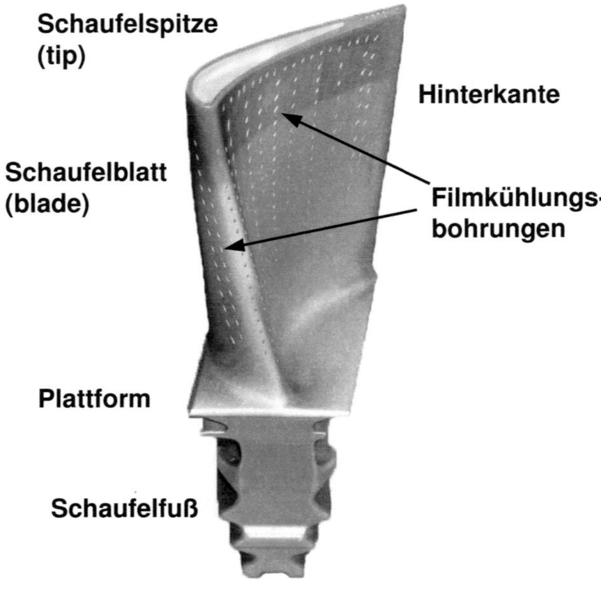

Abbildung 8.21   Hochdrucklaufschaufel einer Turbine mit Filmkühlbohrungen

der zweiten oder dritten Turbinenstufe gar nicht mehr mit dem vollen Druck angefordert wird, muss man sie am Kompressor auch nicht erst auf den vollen Druck bringen, nur um diesen dann wieder abzudrosseln. Die Kompressionsarbeit wird kleiner, außerdem ist dann auch die Temperatur niedriger und die gleiche Kühlaufgabe kann mit weniger Menge erfüllt werden. Die passende Modellierung könnte daher sein:

- Ein Stufenmodell, in dem jede einzelne Turbinenstufe ein eigenes Modell darstellt, die hintereinander geschaltet werden.
- Ein Teilturbinenmodell, in dem mehrere Stufen zu einer Teilturbine zusammen geschaltet werden und die Teilturbinen in Reihe geschaltet sind.
- Ein thermodynamisches Mischmodell, bei dem alle Kühlluftströme virtuell dem Heißgasstrom zugemischt werden (rein energetische Mischung unter Ignorierung der tatsächlichen Drücke) und der entstehende Misch-Eintrittszustand dann in einem Schritt adiabat reibungsbehaftet vom Eintrittsdruck p_1 und der Mischtemperatur T_{mix} auf den Druck p_2 expandiert wird (Abb. 8.22).

Das dritte Modell ist sehr einfach und liefert trotzdem vernünftige Ergebnisse, denn es ist von der Energiebilanz her völlig richtig, d.h. auch die Arbeit und die Wellenleistung werden korrekt bestimmt. Nachteilig ist, dass man keine Information über Zwischenstufen erhält und somit auch die Kühlluftmengen auf den niedrigeren Drücken anders als oben beschrieben ermittelt werden müssen, z.B. durch Charakteristiken.

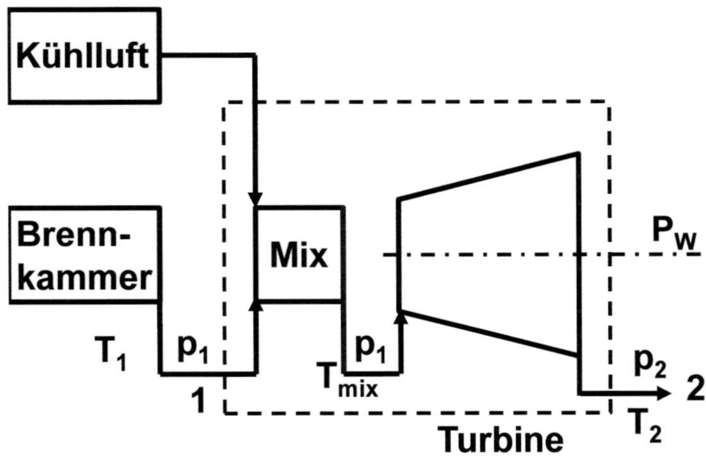

Abbildung 8.22 Turbinenberechnung mit virtuellem Mischzustand

Mit dem Turbinenmodell soll aus dem von außen vorgegebenen Austrittsdruck und den ebenfalls von außen vorgegebenen Werten Eintrittsmassenstrom, Eintrittstemperatur sowie den Referenzmaschinendaten der Eintrittsdruck berechnet und über Kühlluftstrom und Eintrittsstrom an das Hauptprogramm zurückgegeben werden. Der thermodynamische Zustand am Eintritt wird dann komplett neu bestimmt. Kühlluftstrom und Eintrittsstrom werden nach der Neuberechnung zum thermodynamischen Mischzustand (MIX) adiabat gemischt. Mit Hilfe der Ein- und Austrittsbedingungen wird der Turbinenwirkungsgrad ermittelt und die adiabat reibungsbehaftete Expansion aus dem Mischzustand berechnet. Mit der Austrittstemperatur und dem vorgegebenen Austrittsdruck kann dann auch der Austrittszustand thermodynamisch neu ermittelt und die spezifische Arbeit bestimmt werden.

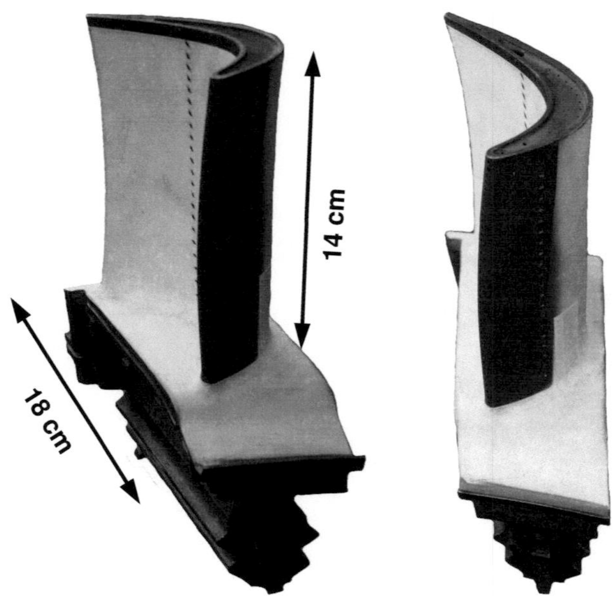

Abbildung 8.23   Erste Laufschaufel der zweiten Turbine einer GT26: Einzelschaufelleistung ca. 2,5 MW

Turbineneintrittsdruck

Zur Bestimmung des Eintrittsdrucks muss unterschieden werden, ob die Eintrittsmenge groß genug ist, um im engsten Querschnitt der Leitreihe (A^*) bereits Schallgeschwindigkeit zu erreichen oder ob das kritische Druckverhältnis π_{krit} zwischen Ein- und Austritt noch nicht erreicht ist (p_1/p_2).

Der kritische Massenstrom wird genau dann erreicht, wenn zum ersten mal im engsten Querschnitt Schallgeschwindigkeit erreicht wird. Über diesen Massenstrom hinaus wird die größere Menge nur noch über die höhere Dichte und/oder Schallgeschwindigkeit (Temperatur) erreicht. Daraus ergeben sich zwei Fälle:

1. Fall: $0 < \dot{m} < \dot{m}_{\text{krit}}$
2. Fall: $\dot{m}_{\text{krit}} \leq \dot{m}$

1. Fall: $0 < \dot{m} < \dot{m}_{\text{krit}}$

Unterhalb von $\dot{m}_{\text{krit}}$ wird an keiner Stelle in der Turbine die Schallgeschwindigkeit erreicht, insbesondere nicht im engsten Querschnitt der ersten Leitreihe (A^*). Für das Druckverhältnis gilt daher:

$$\frac{p_1}{p_2} < \left(\frac{\kappa+1}{2}\right)^{\frac{\kappa}{\kappa-1}}$$

Der Wert liegt zwischen 1,83 ($\kappa = 1,3$) und 1.9 ($\kappa = 1,4$) und der Übergang befindet sich bei modernen Turbinen mit im Nennbetrieb viel höheren Druckverhältnissen im Bereich der Anfahrdrehzahlen (Kraftwerksturbinen) oder der niedrigen Wellenlast (idle, Leerlauf) bei Schubturbinen mit freier Drehzahl. Als gute Näherung verwenden wir eine lineare Funktion des Druckverhältnisses mit dem Massenstromverhältnis:

$$0 < \dot{m} < \dot{m}_{\text{krit}} :$$

$$\frac{p_1}{p_2} = 1 + \frac{\dot{m}}{\dot{m}_{\text{krit}}} \left(\frac{p_{\text{krit}}}{p_2} - 1\right)$$

2. Fall: $\dot{m}_{\text{krit}} \leq \dot{m}$

Der kritische Massenstrom ergibt sich in diesem Fall aus dem Zustand im engsten Querschnitt:

$$\dot{m}_{krit} = \rho^* a^* A^* = p^* \sqrt{\frac{\kappa}{RT^*}} A^* = p^* \frac{T_1}{T^*} \sqrt{\frac{\kappa}{RT_1}} A^* = p^* \frac{\kappa+1}{2} \sqrt{\frac{\kappa}{RT_1}} A^*$$

Wenn zum ersten mal die Schallgeschwindigkeit erreicht wird, ist der Turbinenaustrittsdruck p_2 und der Druck im engsten Querschnitt p^* von gleicher Größenordnung, also:

$$\dot{m}_{krit} = \frac{\kappa+1}{2} p_2 A^* \sqrt{\frac{\kappa}{RT_1}}$$

Das kritische Druckverhältnis p_1/p_2 ist in diesem Betriebszustand:

$$\pi_{\text{krit}} = \left(\frac{\kappa+1}{2}\right)^{\frac{\kappa}{\kappa-1}}$$

Liegt der Massenstrom über dem kritischen Wert, muss er trotzdem den engsten Querschnitt passieren:

$$\dot{m} = \rho^* a^* A^* = p^* \sqrt{\frac{\kappa}{RT^*}} A^*$$

$$= \frac{p^*}{p_1} p_1 \sqrt{\frac{T_1}{T^*}} \sqrt{\frac{\kappa}{RT_1}} A^* = \left(\frac{2}{\kappa+1}\right)^{\frac{\kappa}{\kappa-1}} p_1 \left(\frac{\kappa+1}{2}\right)^{\frac{1}{2}} \sqrt{\frac{\kappa}{RT_1}} A^*$$

$$\dot{m} = \left(\frac{2}{\kappa+1}\right)^{\frac{\kappa+1}{2(\kappa-1)}} p_1 \sqrt{\frac{\kappa}{RT_1}} A^*$$

Ein höherer Massenstrom muss bei vorgegebener Temperatur T_1 durch einen höheren Eintrittsdruck p_1 beantwortet werden. Somit kann für $\dot{m} \geq \dot{m}_{\mathrm{krit}}$ der Druck vor der Turbine berechnet werden:

$$p_1 = \left(\frac{\kappa + 1}{2}\right)^{\frac{\kappa+1}{2(\kappa-1)}} \sqrt{\frac{RT_1}{\kappa}} \frac{\dot{m}}{A^*}$$

Der für die Prozessthermodynamik entscheidende Druck vor der Turbine wird also durch die Turbine selbst bestimmt, weil sie eine bestimmte „Schluckfähigkeit" aufweisen muss.[7] Die Schluckfähigkeit wird letztlich durch die Auslegung des engsten Querschnittes A^* bestimmt, je kleiner A^*, desto größer ist bei gleicher Menge der Druck und umgekehrt. Trifft man in der Auslegung nicht den richtigen Wert, ist der thermodynamische Prozess selbst betroffen und der Wirkungsgrad nicht optimal.

Die Schluckfähigkeit muss auch für die Auslegungsdaten der Maschine genau den gewünschten Vordruck erzeugen, d.h. die gleiche Gleichung gilt auch für den Auslegungszustand (Referenzzustand). Auch κ und R müssen natürlich dem Auslegungswert mit dem Standard-Brennstoff entsprechen, also $\kappa = \kappa_r, R = R_r$:

$$p_{1,\mathrm{ref}} = \left(\frac{\kappa_r + 1}{2}\right)^{\frac{\kappa_r+1}{2(\kappa_r-1)}} \sqrt{\frac{R_r T_{1,\mathrm{ref}}}{\kappa}} \frac{\dot{m}_{1,\mathrm{ref}}}{A^*}$$

Gaskonstante R und Isentropenexponent κ unterscheiden sich allerdings im Betrieb und im Auslegungszustand nicht sehr stark, hier wirken sich andere Vereinfachungen stärker aus, z.B. die angenommene homogene Strömung in allen Querschnitten. Daher rechnen wir den Druck bei anderen Betriebszuständen aus den Referenzzuständen, wobei wir die leichte Veränderung von κ und R ignorieren. Wir dividieren die Gleichung des Drucks im Betrieb p_1 und die Gleichung des Drucks im Referenzzustand $p_{1,\mathrm{ref}}$ durcheinander und erhalten:

$$p_1 = p_{1,\mathrm{ref}} \sqrt{\frac{T_1}{T_{1,\mathrm{ref}}} \frac{\dot{m}}{\dot{m}_{1,\mathrm{ref}}}}$$

Turbineneintrittsdruck Bei unter- oder überkritischer Anströmmenge mit der Schluckfähigkeit des engsten Querschnitts der ersten Leitreihe (A^*), wobei 1 und 2 die Zustände vor bzw. nach der Turbine sind, erhalten wir daher für den Druck p_1 vor der Turbine:

$$m_{\mathrm{krit}} = \frac{\kappa + 1}{2} p_2 A^* \sqrt{\frac{\kappa}{RT_1}}$$

---

[7]Das hat nichts mit exzessivem Bier trinken bei der Auslegung zu tun - oder vielleicht doch??

$$0 < \dot{m}_1 < \dot{m}_{\text{krit}}:$$

$$p_1 = p_2 \left\{ 1 + \frac{\dot{m}_1}{\dot{m}_{\text{krit}}} \left[\left(\frac{\kappa + 1}{2} \right)^{\frac{\kappa}{\kappa - 1}} - 1 \right] \right\}$$

$$\dot{m}_1 \geq \dot{m}_{\text{krit}}:$$

$$p_1 = p_{1,\text{ref}} \sqrt{\frac{T_1}{T_{1,\text{ref}}}} \, \frac{\dot{m}_1}{\dot{m}_{1,\text{ref}}}$$

Thermodynamischer Zustand am Eintritt

Mit dem errechneten Druck p_1 und der von außen vorgegebenen Temperatur T_1 kann nun der gesamte Eintrittszustand bestimmt werden. Die Dichte

$$\rho_1 = \frac{p_1}{RT_1},$$

die Enthalpie, z.B. durch

$$h_1 - h_0 = f(T_1 - T_0) = c_p(T_1 - T_0)$$

und die Entropie aus der Beziehung für ideale Gase:

$$s_1 - s_0 = R \left[\frac{\kappa}{\kappa - 1} \ln \left(\frac{T_1}{T_0} \right) - \ln \left(\frac{p_1}{p_0} \right) \right]$$

Auch die Geschwindigkeit am Turbineneintritt und die Machzahl können neu bestimmt werden:

$$u_1 = \frac{\dot{m}_1}{\rho_1 A_1},$$

$$M_1 = \frac{u_1}{\sqrt{\kappa R T_1}}$$

Der Eintrittszustand ist damit vollständig bestimmt.

Der Zustand 1 und der Kühlluftstrom werden nun zum Mischzustand (mix) adiabat vermischt (eigene Prozedur), der ebenfalls den Druck p_1 besitzt. Diese bilanzierte Eintrittstemperatur wird Mischtemperatur T_{mix} genannt. Mit dem thermodynamischen Mischzustand werden die Austrittsbedingungen bestimmt.

Austrittszustand aus der Turbine

Mit bekanntem Druckverhältnis p_1/p_2 und der Bestimmung des isentropen Wirkungsgrades (separate Funktion) kann nun auch der Austrittszustand vervollständigt werden. Zunächst wird der isentrope Vergleichszustand 2,s ermittelt:

$$\frac{T_{2,\text{s}}}{T_{\text{mix}}} = \left(\frac{p_2}{p_1} \right)^{\frac{\kappa - 1}{\kappa}}$$

$$T_2 = T_{\mathrm{mix}} - \eta_{is}\left(T_{\mathrm{mix}} - T_{2,\mathrm{s}}\right)$$

Mit der berechneten Temperatur und dem vorgegebenen Druck p_2 kann nun der Austrittszustand vollständig ermittelt werden:

$$\rho_2 = \frac{p_2}{RT_2},$$

$$h_2 - h_0 = f(T_2 - T_0) = c_p(T_2 - T_0)$$

$$s_2 - s_0 = R\left[\frac{\kappa}{\kappa - 1}\ln\left(\frac{T_2}{T_0}\right) - \ln\left(\frac{p_2}{p_0}\right)\right]$$

$$u_2 = \frac{\dot{m}_2}{\rho_2 A_2},$$

Technische Arbeit

Auch die spezifische technische Arbeit und die Wellenleistung der Turbine werden aus dem Mischzustand ermittelt:

$$w_t = h_2 - h_{\mathrm{mix}} + \frac{u_2{}^2}{2} - \frac{u_{\mathrm{mix}}{}^2}{2}$$

$$P_W = \dot{m}_2 w_t$$

Wirkungsgradcharakteristik

Wir verwenden hier nur eine sehr vereinfachte Darstellung und machen den Wirkungsgrad nur von der spezifischen Drehzahl n^* und der Durchflusszahl φ abhängig. Letztere ist hier definiert durch:

$$\varphi = \frac{\dot{V}}{\dot{V}_{Ref}} = \sqrt{\frac{T_1}{T_{1,Ref}}}$$

Der Grund ist einfach: Turbinencharakteristiken werden i.d.R. nicht veröffentlicht, so dass es schwierig ist eine typische Form der Charakteristik anzugeben, wie wir dies beim Verdichter durchgeführt haben. Daher beschränken wir uns hier auf eine Skalierung des Wirkungsgrads im Auslegungsfall der Turbine mit der Abweichung der spezifischen Drehzahl und der Durchflusszahl vom Wert 1. Damit eine stetige und stetig differenzierbare Funktion entsteht, verwenden wir jeweils eine Parabel mit dem Scheitelpunkt bei 1:

$$\eta_{s,T} = \eta_{s,Ref}\, n^*(2 - n^*)\varphi(2 - \varphi)$$

Diese Funktion ist nur für positive Werte von n^* bzw. φ gültig. Bei einem Wert der jeweiligen Variablen oberhalb von 2 fällt sie unter den Wert Null, erzeugt also einen negativen Wirkungsgrad, was physikalisch unsinnig wäre. Ein Wert von über 2 ist zwar sowohl für n^* als auch für φ aus physikalischen Gründen unrealistisch hoch, trotzdem sollte dieser Fall im Programm intern abgefangen werden, damit während einer Iteration nicht doch ein Laufzeitfehler entsteht. Oberhalb eines Wertes der jeweiligen Variablen, der im iterierten Fall nicht überschritten werden soll (oder kann), wird die Funktion daher durch eine hyperbolische Funktion ersetzt, die möglichst glatt in die Parabel übergeht (Abb. 8.24). Daher unterschei-

Skalierungsfunktionen f1 bzw. f2 des Wirkungsgrads

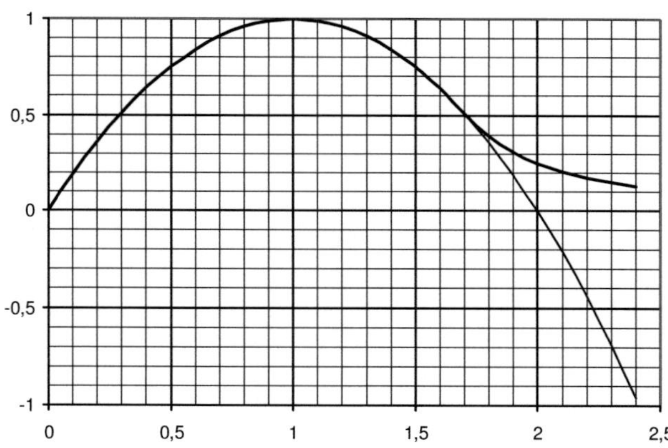

Abbildung 8.24 Die Skalierungsfunktionen des Wirkungsgrades mit n^* bzw. φ: Ab einem Wert von 1,7 wird die Parabel durch eine hyperbolische Funktion ersetzt, um Werte unter Null zu vermeiden.

den wir die folgenden Fälle:

$$
\begin{aligned}
f_1(n^*) &= n^*(2 - n^*) &&\text{für } n^* <= n_G^* \\
f_1(n^*) &= n_G^*(2 - n_G^*)\frac{(n_G^* - 1)^2}{(n_G^* - 1)^2} &&\text{für } n^* > n_G^*
\end{aligned}
$$

Ebenso verfahren wir mit φ:

$$
\begin{aligned}
f_2(\varphi) &= \varphi(2 - \varphi) &&\text{für } \varphi <= \varphi_G \\
f_2(\varphi) &= \varphi_G(2 - \varphi_G)\frac{(\varphi_G - 1)^2}{(\varphi_G - 1)^2} &&\text{für } \varphi > \varphi_G
\end{aligned}
$$

Die Wirkungsgradfunktion ist dann:

$$\eta_{s,T} = \eta_{s,Ref} f_1(n^*) f_2(\varphi)$$

Es sei betont, dass diese Modifikation keinen physikalischen Grund hat, sondern rein programmtechnisch erfolgt, um unsinnige Ergebnisse zu vermeiden.

Eine Angleichung der Näherungsfunktion in Hinblick auf das tatsächliche Verhalten einer gegebenen Turbine ist durch die Berücksichtigung von Messdaten (Eintritts- und Austrittstemperatur sowie Druckverhältnis bei mehreren Betriebspunkten) nur bei einer konkreten Maschine möglich.

Modell

```pascal
function isentr_eff (etaref, nstar, phi: double): double;

const nstarG = 1.7
      phiG = 1.7;

function f1_2 (x, xG: double): double;
begin
  {Below 0 , f1_2 is set to 0}
  if x < 0 then x := 0;
  if x <= xG then
    f1_2 := x*(2-x)
  else
    f1_2 := xG*(2-xG)*sqr((xG-1)/(x-1));
end; {f1_2}

begin
  {Check input values for consistency}
  if etaref <= 0 then etaref := 0.00001;
  if etaref >= 1 then etaref := 0.99999;
  if nstar < 0 then nstar := 0.0;
  if phi < 0 then phi := 0.0;
  {calculate efficiency}
  isentr_eff := etaref*f1_2(nstar, nstarG)*f1_2(phi, phiG);
end; {isentr_eff}

procedure ad_turbine (speed: double;  var is_eff, work: double;
                      var flowca, flowmix, flowin, flowout: flow);

{flowout.pressure and all data of flowin besides flowin.pressure
```

```pascal
  is input}

var M1, M2, Mca, T1, T2, p1, p2, A1, A2, c1, c2, kap1, kapmix,
    m_crit, pi_crit, nstar, phi: double;

begin
  {Use local variables (shorter eqns.!!!)}
  A1 := flowin.area;
  A2 := flowout.area;
  p1 := flowin.press;
  p2 := flowout.press;
  T1 := flowin.temp;
  kap1 := flowin.kappa;
  {Check for pressures}
  if p1 < p2 then
  begin
    writeln ('WARNING: Inlet pressure less than outlet pressure '
             ,'in ad_turbine !!!!');
    write ('Continue (y/n)?  ');
    readln (ch);
    if (ch = 'n') or (ch = 'N') then stepout (' ad_turbine');
  end;
  {Step 1: Calculate inlet pressure from flow capacity}
  m_crit := (kap1+1)/2 * p2*A_Star * sqrt(kap1/(flowin.gascon*T1));
  pi_crit := exp(kap1/(kap1-1)*ln((kap1+1)/2));
  if flowin.mflow <= m_crit then
    p1 := p2*(1 + flowin.mflow/m_crit*(pi_crit-1))
  else
    p1 := p1_tur_ref * sqrt(T1/T1_tur_ref) * flowin.mflow/m_tur_ref;
  flowin.press := p1;
  flowca.press := p1;
  flowin.dens  := p1/(flowin.temp*flowin.gascon);
  flowin.veloc := flowin.mflow/(flowin.dens*flowin.area);
  M1 := flowin.veloc/sqrt(flowin.kappa*flowin.gascon*flowin.temp);
  flowin.entr := flowin.gascon*(kap1/(kap1-1)*ln(T1/T0)
                                      - ln(p1/p0));

  {Step 2: Create mixing flow}
  flowmix := flowin;
  flowmixing (flowin, flowca, flowmix);
  T_Mix := flowmix.temp;
```

```pascal
  kapmix := flowmix.kappa;

  {Step 3: Adiabatic expansion}
  phi := sqrt(T1/T1_tur_ref);
  nstar := speed/speed_ref*sqrt(T1_tur_ref/T1);
  is_eff := isentr_eff(eta_tur_ref, nstar, phi);


  T2 := T_Mix*(1 - is_eff*(1 - exp((kapmix-1)/kapmix*ln(p2/p1))));


  {Step 4: Calculate turbine exit flow data}
  flowout := flowmix; {flow composition, gas constant,
                       massflow are now correct}
  flowout.press := p2; {Reset given values}
  flowout.area := A2;
  flowout.temp := T2;
  flowout.enth := flowout.cp*(T2 - T0);
  flowout.dens  := p2/(T2*flowout.gascon);
  flowout.veloc := flowout.mflow/(flowout.dens*flowout.area);
  M2 := flowout.veloc/sqrt(flowout.kappa*flowout.gascon*flowout.temp);
  flowout.entr := flowout.gascon*(kapmix/(kapmix-1)*ln(T2/T0)
                                  - ln(p2/p0));
  {Calculate specific work of turbine}
  work := flowout.enth-flowmix.enth
          + 0.5*(sqr(flowout.veloc)+sqr(flowmix.veloc));

  writeln ('TUR: Inlet pressure = ', p1/1e5:5:2, ' bar');
  writeln ('TUR: Outlet pressure = ', p2/1e5:5:2, ' bar');
  writeln ('TUR: Turbine inlet temperature T1 = ', T1:7:1, ' K');
  writeln ('TUR: is_eff = ', is_eff:6:4);
  writeln ('TUR: Mixing temperature = ', (T_Mix-T0):7:2, 'deg C');
  writeln ('TUR: Turbine outlet temperature T2 = ',
                (T2-T0):7:2, 'deg C');
  write   ('TUR: Mixing kappa = ', kapmix:5:2); {readln;}
end; {ad_turbine}
```

Liste der Symbole

Symbol	Maßeinheit	Bedeutung
A	m^2	Fläche
B	m	Breite
D	m	Durchmesser
F	N	Kraft
$\vec{F}$	N	Kraftvektor
H_u	J/kg	Heizwert
L	m	Typische Länge
M	kg/kmol	Molmasse
P	W	Leistung
Q	J	Wärme
R	J/kgK	Gaskonstante (kontextbezogen: Radius)
S	J/K	Entropie
T	K	Absolute thermodynamische Temperatur
U	m/s	Typische Strömungsgeschwindigkeit
V	m^3	Volumen
$\vec{a}$	m/s^2	Beschleunigung
a	m/s	Wellengeschwindigkeit, Schallgeschwindigkeit (skalar)
c_p	J/kgK	Spez. Wärmekapazität bei konstantem Druck
c_v	J/kgK	Spez. Wärmekapazität bei konstantem Volumen
d	m	Durchmesser
$\vec{e_r}$		Einheitsvektor in r-Richtung
$\vec{e_\varphi}$		Einheitsvektor in φ-Richtung
e_i	J/kg	Spez. innere Energie
h	J/kg	Spez. Enthalpie
m	kg	Masse
$\vec{n}$		Einheitsnormalenvektor
n	kmol	Stoffmenge (kontextbez.: Koord. senkrecht z. Wand)
p	Pa, bar	Druck
Δp_V	Pa, bar	Druckverlust (Energieverlust durch Reibung)
q	J/kg	Spez. Wärmemenge
$\vec{r}$	m	Radienvektor
r	m	Radienkoordinate (Zylinderkoordinatensystem)
s	J/kgK	Spez. Entropie (kontextbez.: Koord. parallel z. Wand)
t	s	Zeit
$\vec{u}$	m/s	Strömungsgeschwindigkeit eines Fluids
v	m^3/kg	Spez. Volumen (kontextbezogen: Geschw. y-Richtung)
w	J/kg	Spez. Arbeit (kontextbezogen: Geschw. z-Richtung)

Symbol	Maßeinheit	Bedeutung
$\vec{x}$	m	Ortsvektor
x	m	Kartesische Koordinate
y	m	Kartesische Koordinate
z	m	Kartesische Koordinate
Eu		Eulerzahl
Fr		Froudezahl
M		Machzahl
Re		Reynoldszahl
α		Winkel
β		Winkel
ζ		Druckverlustbeiwert
κ		Isentropenexponent (Adiabatenexponent)
φ		Durchflusszahl
η	Ns/m^2	Dynamische Viskosität
η		Wirkungsgrad
ν	m^2/s	Kinematische Viskosität
ρ	kg/m^3	Dichte

Verzeichnis der Abbildungen und Bildquellennachweis

- Coverrückseite, Eingangsbild und Logo, Fotos und Gestaltung Logo: ©Jost Braun
- Abb. 1.1, Abb. 5.1, Abb. 8.21: Fotos ©Jost Braun
- Abb. 1.2, Abb. 1.3, Abb. 2.2, Abb. 2.5, Abb. 2.6, Abb. 8.3: Fotos ©Jost Braun, Abdruck mit freundlicher Genehmigung Trianel Gaskraftwerk Hamm GmbH & Co. KG
- Abb. 3.6: Foto ©Jost Braun, Abdruck mit freundlicher Genehmigung eon GuD-Kraftwerk in Irsching
- Abb. 8.5, Abb. 8.6: Fotos ©Jost Braun, von Rolls-Royce Deutschland Dahlewitz freundlicherweise überlassenes Anschauungsobjekt
- Abb. 8.10, Abb. 8.20: Fotos ©Trianel Gaskraftwerk Hamm GmbH & Co. KG, Abdruck mit freundlicher Genehmigung Trianel Gaskraftwerk Hamm GmbH & Co. KG
- Abb. 8.11: Foto ©Jost Braun, von MTU München freundlicherweise überlassenes Anschauungsobjekt
- Abb. 8.23: Foto ©Jost Braun, von Alstom Schweiz (Birr) freundlicherweise überlassenes Anschauungsobjekt
- Alle anderen Abbildungen, Diagramme und Zeichnungen: ©Jost Braun

Literaturverzeichnis

[Azeem, 2015] M. A. Azeem: Start Programming using Object Pascal, Free Pascal / Lazarus Book, e-book, frei kopierbare Internetquelle (2015)

[Braun, 2014] J. Braun: Technische Strömungsmechanik, BoD, Books on Demand, Norderstedt, (2014)

[Erbs, 1984] H.-E. Erbs, O. Stolz: Einführung in die Programmierung mit Pascal (MicroComputerPraxis), 2. Auflage, B. G. Teubner, Stuttgart, (1984)

[Erbs, 1986] H.-E. Erbs, O. Stolz: Einführung in die Programmierung mit Pascal (MicroComputerPraxis), 3. Auflage, Vieweg+Teubner, Stuttgart, (1986)

[Lechner, Seume, 2010] C. Lechner, J. Seume (HRSG): Stationäre Gasturbinen, 2. Auflage, Kap. 2 (Autor: J. Braun), Springer Verlag Berlin, Heidelberg 2010

[Post, 1983] E. Post: Real Programmers Don't Use Pascal, http://www.webcitation.org/659yh1oSh Internetquelle (Original aus 1983)

[Schumann, 2004] H. G. Schumann: Delphi für Einsteiger. Programmieren leicht gemacht, 3. Auflage, Quadratur-Verlag UG (2004)

[Skolaut, 2014] W. Skolaut (HRSG): Maschinenbau, Kap. 22 Technische Strömungsmechanik (Autor: J. Braun), Springer Verlag Berlin, Heidelberg 2014

[Van Canneyt, 2012] M. Van Canneyt: Free Pascal 2: Handbuch und Referenz, 2. Auflage, C& L Verlag (2012)

[VDI e.V., 2013] VDI GVC (HRSG): VDI Wärmeatlas, 11. Auflage, Springer Vieweg Verlag (2013)

[Wirth, 1976] N. Wirth, Algorithms + Datastructures = Programs, Prentice Hall (1976).

Index

Ähnlichkeit, fluiddynamische, 66–70, 149, 153, 154, 156, 157, 162, 163

Arbeit, technische, 37, 39, 40
ARRAY, 80–82

Brennkammer, 8, 9, 12, 13, 17, 26, 29–31, 43–46, 58, 59, 74, 75, 113, 114, 119, 142, 143, 147, 174–176, 179, 180

CASE OF, 101

Diffusor, 13, 17, 72, 105, 113, 136
Drosselstelle, Drosselung, 7, 39, 40, 132, 141, 143–146

Enthalpie, 37
Entropie, 53
Eulerzahl, 70

FOR, 77, 98
Froudezahl, 16, 70

GuD-Kraftwerk, 9, 16, 23, 29, 58–60, 75

IF, 77, 81, 95, 99–101
Innere Energie, 33, 37
Isentrop, 36, 37, 39, 40, 51–54, 56
Isobar, 53, 55
Isotherm, 51

Joule-Reheatprozess, 23, 26, 29, 30, 58, 59
Jouleprozess, 23, 26, 28–30, 53–59, 156

Kombikraftwerk, 8, 9, 13, 16, 18, 23–25, 28, 29, 58, 59, 139
Kompressor, 30, 45, 46, 55, 70, 75, 113, 114, 119, 121, 138, 142–144, 147, 149, 153, 155–157, 159, 160, 162, 164–166, 168, 169, 171, 178, 186

Machzahl, 16, 50, 62, 70, 71, 74, 144, 146, 153, 157, 163, 191

POINTER, 20

READ, READLN, 81, 87, 92–95
RECORD, 80, 82, 85
Reibungsarbeit, 36, 37, 40, 53
REPEAT UNTIL, 95, 98, 99
RESET, 95
Reversibel, 51
REWRITE, 95
Reynoldszahl, 49, 62, 70, 150

SAS-System, 7, 9, 12, 13, 17, 18, 29, 113, 141
SET OF, 80–82
System, 33, 36

Temperatur, 40

Turbine, 8, 9, 11–17, 25, 28–30, 36, 39,
        41–46, 55, 58, 66, 70, 75, 103–
        105, 113, 114, 119, 141, 143,
        147, 149, 155, 156, 163–165,
        174, 175, 178, 185–192, 194

Volumen (spezifisches), 40
Volumenänderungsarbeit, 40

WHILE, 77, 95, 98, 100
Wirkungsgrad, 35, 36, 39, 52–56, 58, 59
Wirkungsgrad, isentroper, 36, 39
Wirkungsgrad, thermischer, 35, 52–56,
        59
WRITE, WRITELN, 76, 79, 81, 87, 91–
        95, 97

Zustandsänderung, 32, 34, 36, 37, 40,
        51, 53

204